LIBRO PARA COLOREAR DE ANATOMÍA CANINA

EL LIBRO PERTENECE
A

TABLA DE CONTENIDO

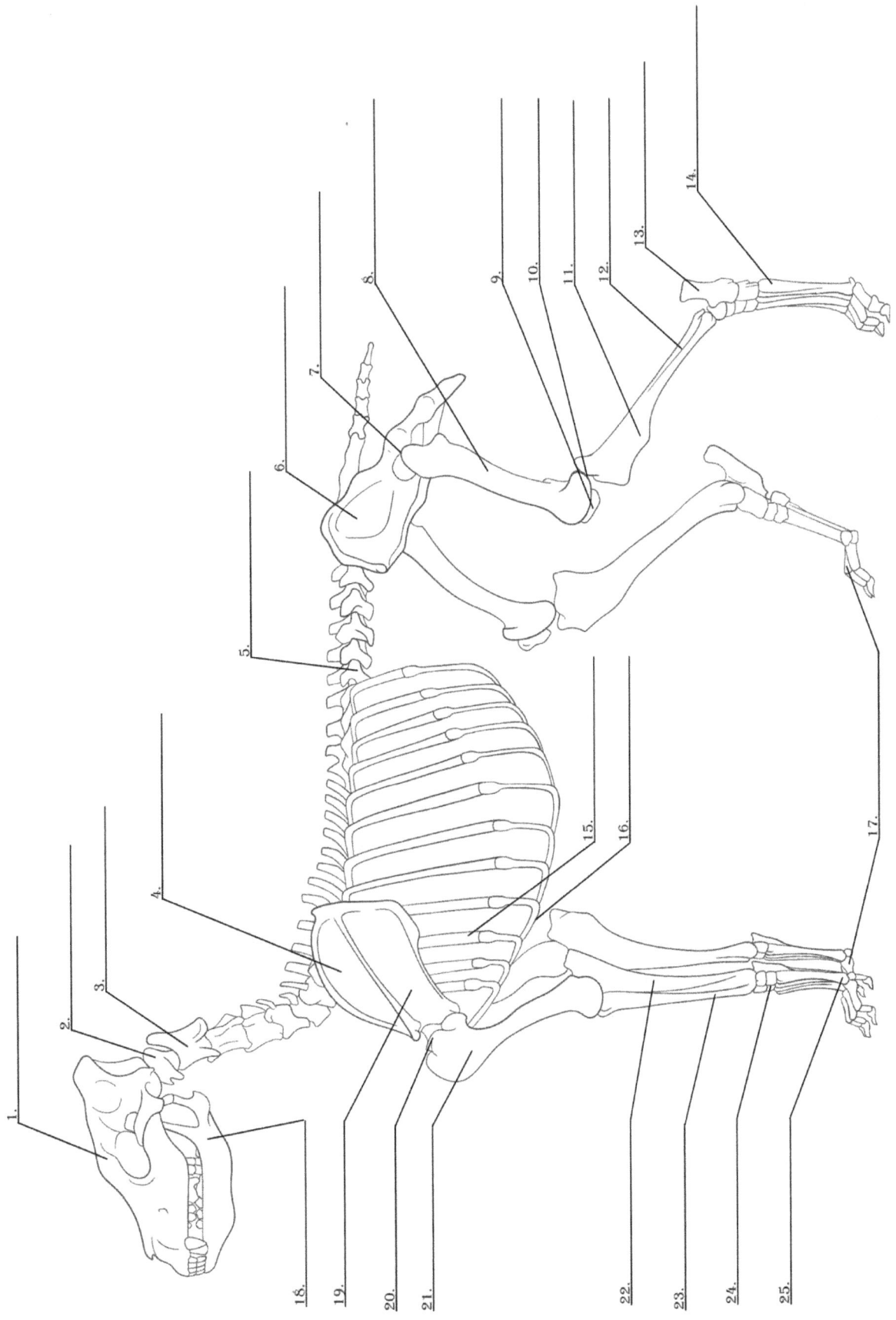

1.
2.
3.
4.
5.
6.
7.
8.
9.
10.
11.
12.
13.
14.
15.
16.
17.
18.
19.
20.
21.
22.
23.
24.
25.

SECCIÓN 1:ESQUELETO DEL PERRO ASPECTO LATERAL

1.CRÁNEO
2.ATLAS
3.AXIS
4.SCAPULA
5.SACRUM
6.PELVIS
7.ARTICULACIÓN DE CADERA
8.FEMUR
9.PATELLA
10.ARTICULACIÓN DE LA RODILLA
11.TIBIA
12.FIBULA
13.CORVEJÓN
14.HUESO METATARSAL
15.RIB
16.STERNUM
17.FALANGES (HUESOS DE LOS DEDOS DEL PIE)
18.MANDIBLE
19.SCAPULA
20.ARTICULACIÓN DEL HOMBRO
21.HUMERUS
22.ULNA
23.RADIUS
24.ARTICULACIÓN CARPAL
25.HUESO METACARPIANO

SECCIÓN 2:ESQUELETO DEL PERRO ASPECTO CRANEAL Y CAUDAL

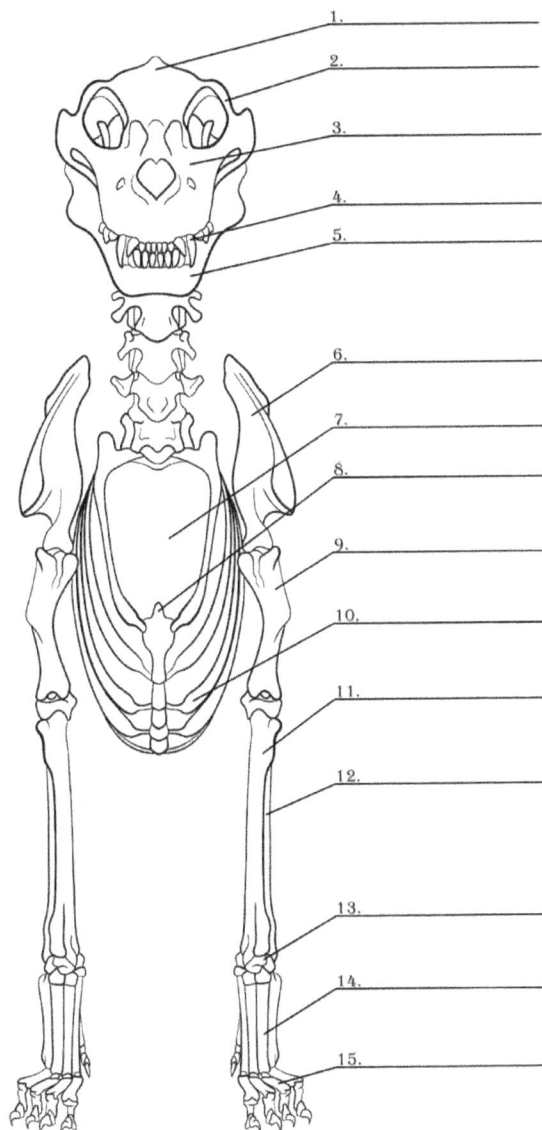

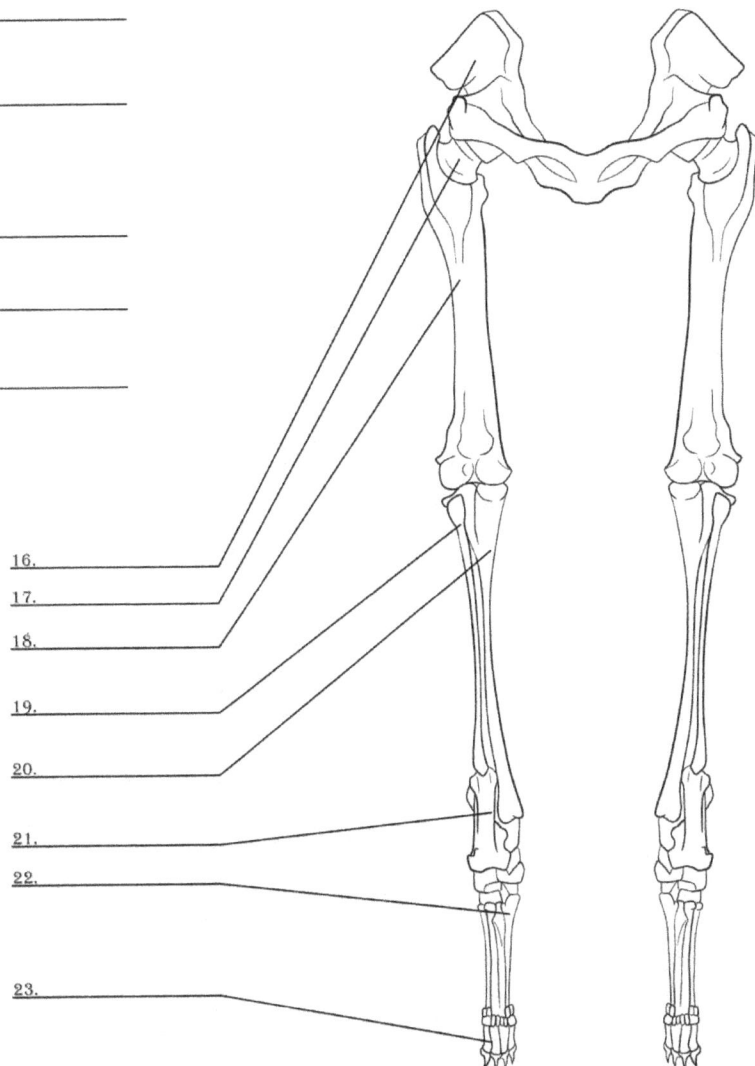

1. _____
2. _____
3. _____
4. _____
5. _____
6. _____
7. _____
8. _____
9. _____
10. _____
11. _____
12. _____
13. _____
14. _____
15. _____
16. _____
17. _____
18. _____
19. _____
20. _____
21. _____
22. _____
23. _____

SECCIÓN 2:ESQUELETO DEL PERRO ASPECTO CRANEAL Y CAUDAL

1. OCCIPUCIO
2. CRÁNEO
3. MAXILAR
4. DIENTES
5. MANDÍBULA
6. ESCÁPULA
7. CAVIDAD MAMARIA
8. ESTERNÓN
9. HÚMERO
10. COSTILLA
11. RADIO
12. CÚBITO
13. CARPO
14. METACARPO
15. FALANGES
16. PELVIS
17. ARTICULACIÓN DE CADERA
18. FÉMUR
19. PERONÉ
20. TIBIA
21. CORVEJÓN
22. HUESO METATARSAL
23. FALANGES

SECCIÓN 3:ESQUELETO DEL PERRO ASPECTO DORSAL

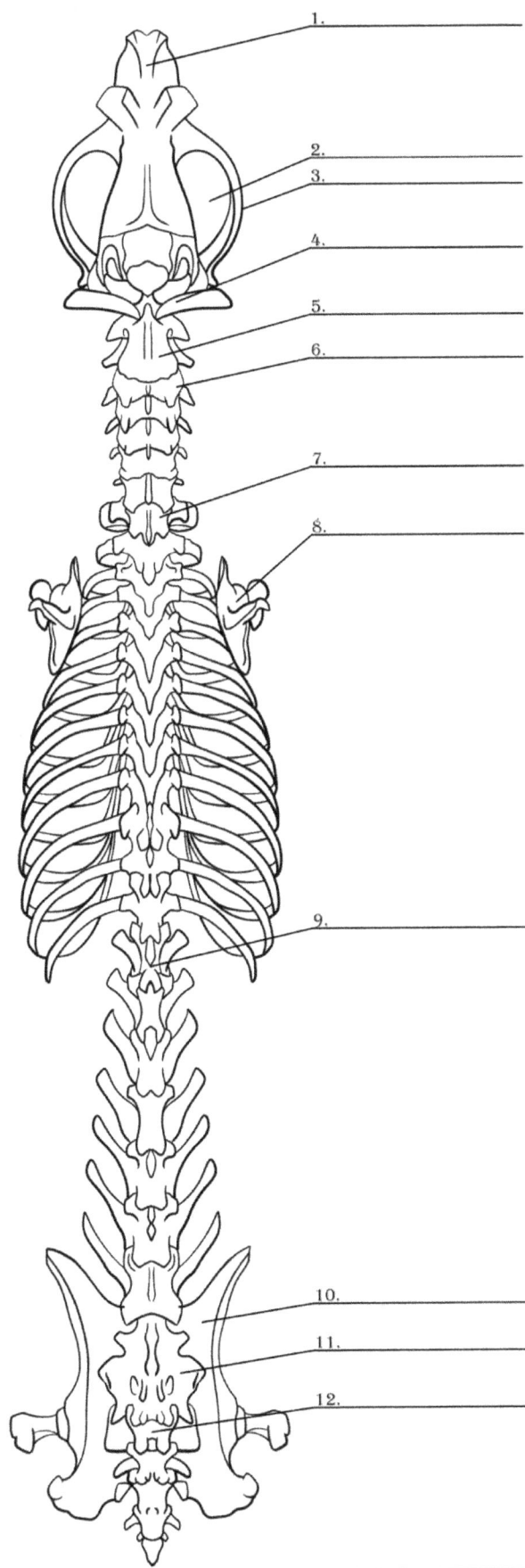

1. _____

2. _____

3. _____

4. _____

5. _____

6. _____

7. _____

8. _____

9. _____

10. _____

11. _____

12. _____

SECCIÓN 3:ESQUELETO DEL PERRO ASPECTO DORSAL

SECCIÓN 3:ESQUELETO DEL PERRO ASPECTO DORSAL

1. HUESO NASAL
2. CAVIDAD ORBITARIA
3. ARCO CIGOMÁTICO
4. ATLAS
5. AXIS
6. VÉRTEBRAS CERVICALES
7. VÉRTEBRAS TORÁCICAS
8. ESCÁPULA
9. VÉRTEBRAS LUMBARES
10. PELVIS
11. SACRO
12. VÉRTEBRAS CAUDALES

SECCIÓN 4:LOS MÚSCULOS DEL PERRO CARA LATERAL

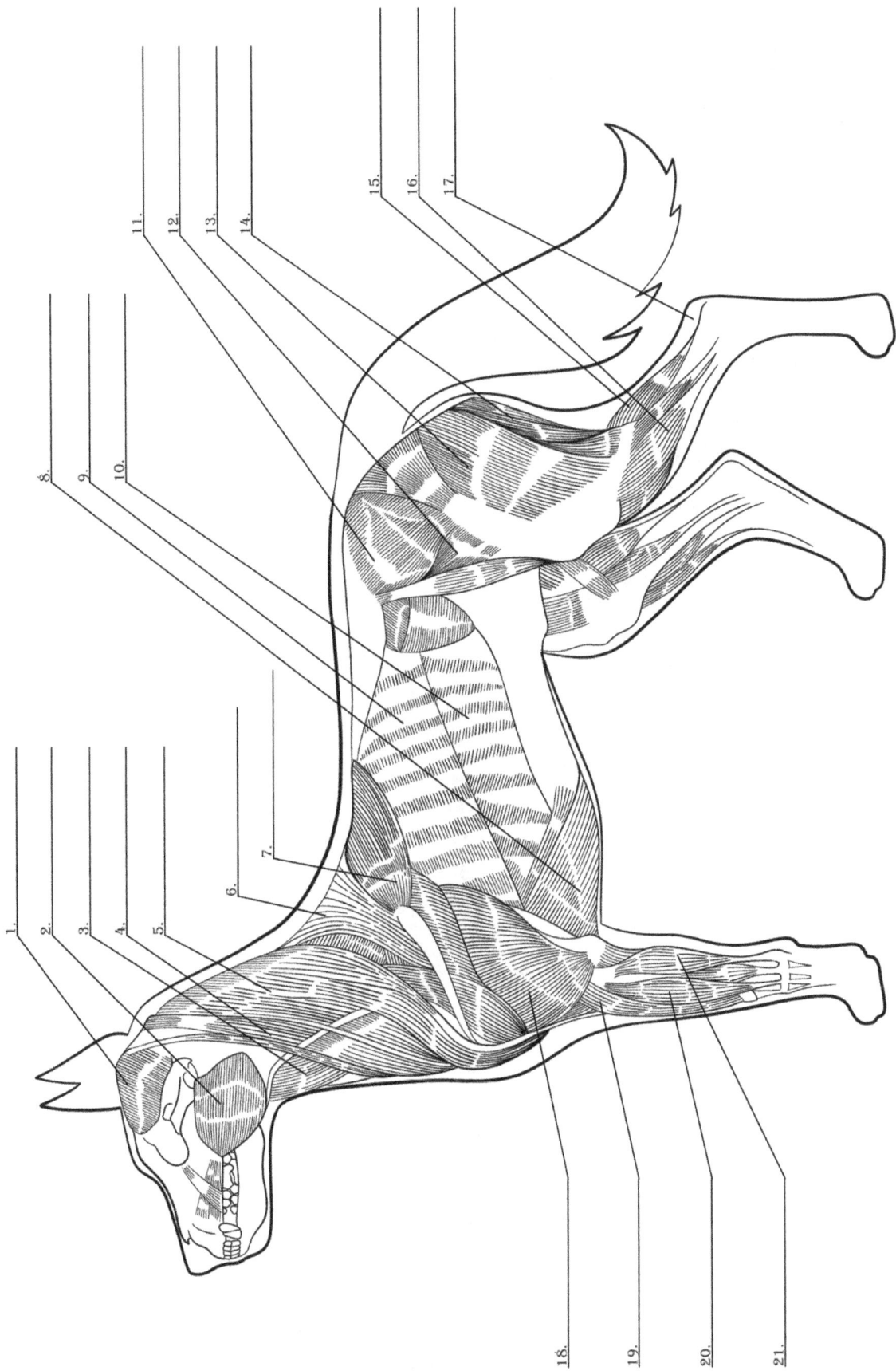

SECCIÓN 4:LOS MÚSCULOS DEL PERRO CARA LATERAL

1. MÚSCULO TEMPORAL
2. MÚSCULO MASETERO
3. MÚSCULO ESTERNOCLEIDOHIOIDEO
4. MÚSCULO ESTERNOCEFÁLICO
5. MÚSCULO BRAQUIOCEFÁLICO
6. MÚSCULO TRAPECIO
7. MÚSCULO DELTOIDES
8. MÚSCULO PECTORAL PROFUNDO
9. MÚSCULO DORSAL ANCHO
10. MÚSCULO OBLICUO ABDOMINAL EXTERNO
11. MÚSCULO GLUTEAL
12. MÚSCULO TENSOR DE LA FASCIA LATA
13. MÚSCULO BÍCEPS FEMORAL
14. MÚSCULO SEMITENDINOSO
15. MÚSCULO GASTROCNEMIO
16. MÚSCULO TIBIAL CRANEAL
17. TENDÓN DE AQUILES
18. MÚSCULO TRÍCEPS BRAQUIAL
19. MÚSCULO EXTENSOR RADIAL DEL CARPO
20. MÚSCULO EXTENSOR CUBITAL DEL CARPO
21. MÚSCULO FLEXOR CUBITAL DEL CARPO

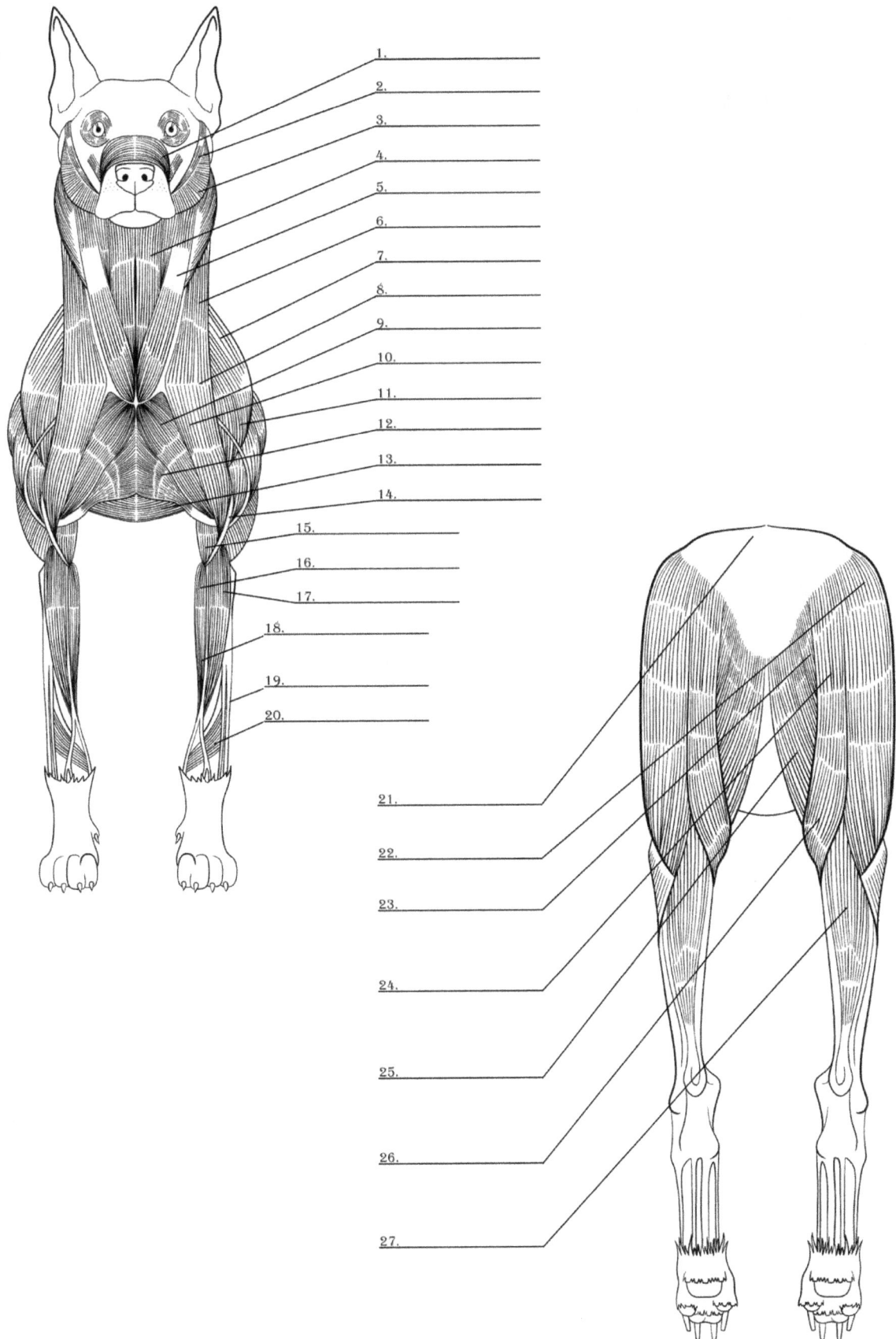

SECCIÓN 5:ESQUELETO DEL PERRO ASPECTO CRANEAL Y CAUDAL

1.

2.

3.

4.

5.

6.

7.

8.

9.

10.

11.

12.

13.

14.

15.

16.

17.

18.

19.

20.

21.

22.

23.

24.

25.

26.

27.

SECCIÓN 5:ESQUELETO DEL PERRO ASPECTO CRANEAL Y CAUDAL

1. MÚSCULO ELEVADOR NASOLABIAL
2. MÚSCULO ZIGOMÁTICO
3. MÚSCULO MASETERO
4. MÚSCULO ESTERNOCLEIDOHIOIDEO
5. MÚSCULO ESTERNOCEFÁLICO
6. MÚSCULO CLEIDOCEFÁLICO
7. MÚSCULO OMOTRANSVERSARIO
8. INTERSECCIÓN CLAVICULAR
9. MÚSCULO PECTORAL DESCENDENS
10. MÚSCULO CLEIDOBRAQUIAL
11. MÚSCULO DELTOIDES
12. MÚSCULO PECTORAL SUPERFICIAL
13. MÚSCULO OBLICUO ABDOMINAL EXTERNO
14. MÚSCULO BRAQUIAL
15. MÚSCULO BÍCEPS BRAQUIAL
16. MÚSCULO PRONADOR REDONDO
17. MÚSCULO EXTENSOR RADIAL DEL CARPO
18. MÚSCULO FLEXOR RADIAL DEL CARPO
19. MÚSCULO EXTENSOR DE LOS DEDOS DEL COMÚN
20. MÚSCULO ABDUCTOR DEL MEÑIQUE

SECTION 6: LOS MÚSCULOS DE LA CARA VENTRAL DEL PERRO

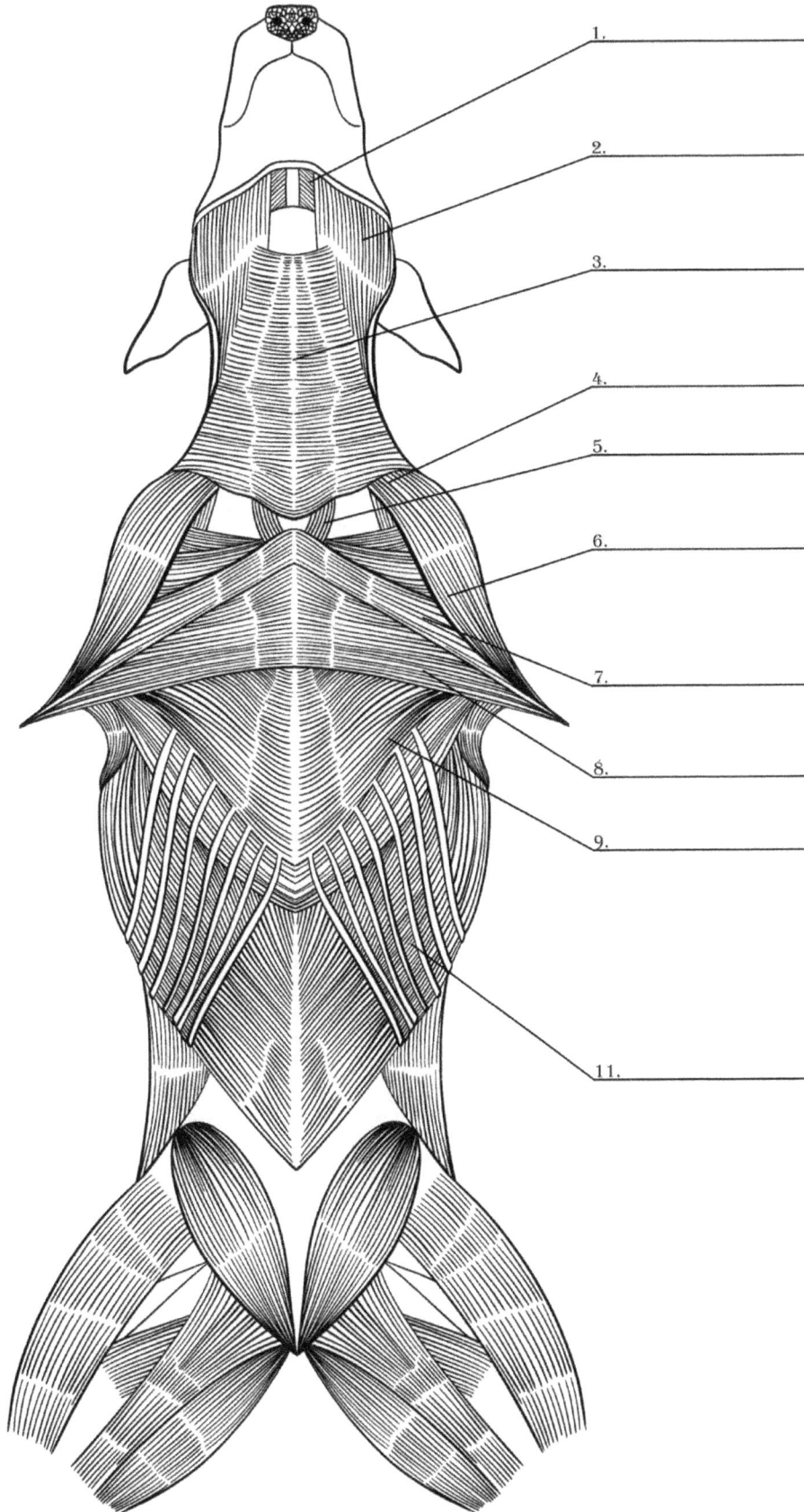

1.

2.

3.

4.

5.

6.

7.

8.

9.

11.

SECTION 6:LOS MÚSCULOS DE LA CARA VENTRAL DEL PERRO

1. MÚSCULO MILOHIOIDEO
2. MÚSCULO ESFÍNTER COLLI PROFUNDO
3. MÚSCULO PLATISMA
4. MÚSCULO ESFÍNTER COLLI SUPERFICIALIS
5. MÚSCULO CLEIDOCEFÁLICO
6. MÚSCULO ESTERNOCEFÁLICO
7. MÚSCULO CLEIDOBRAQUIAL
8. MÚSCULO PECTORAL DESCENDENS
9. MÚSCULO PECTORAL TRANSVERSO
10. MÚSCULO PECTORAL ASCENDENTE SUPERFICIALIS PROFUNDO
11. MÚSCULO CUTÁNEO DEL TRONCO

SECCIÓN 7:MÚSCULOS DE LA CARA DORSAL DEL PERRO

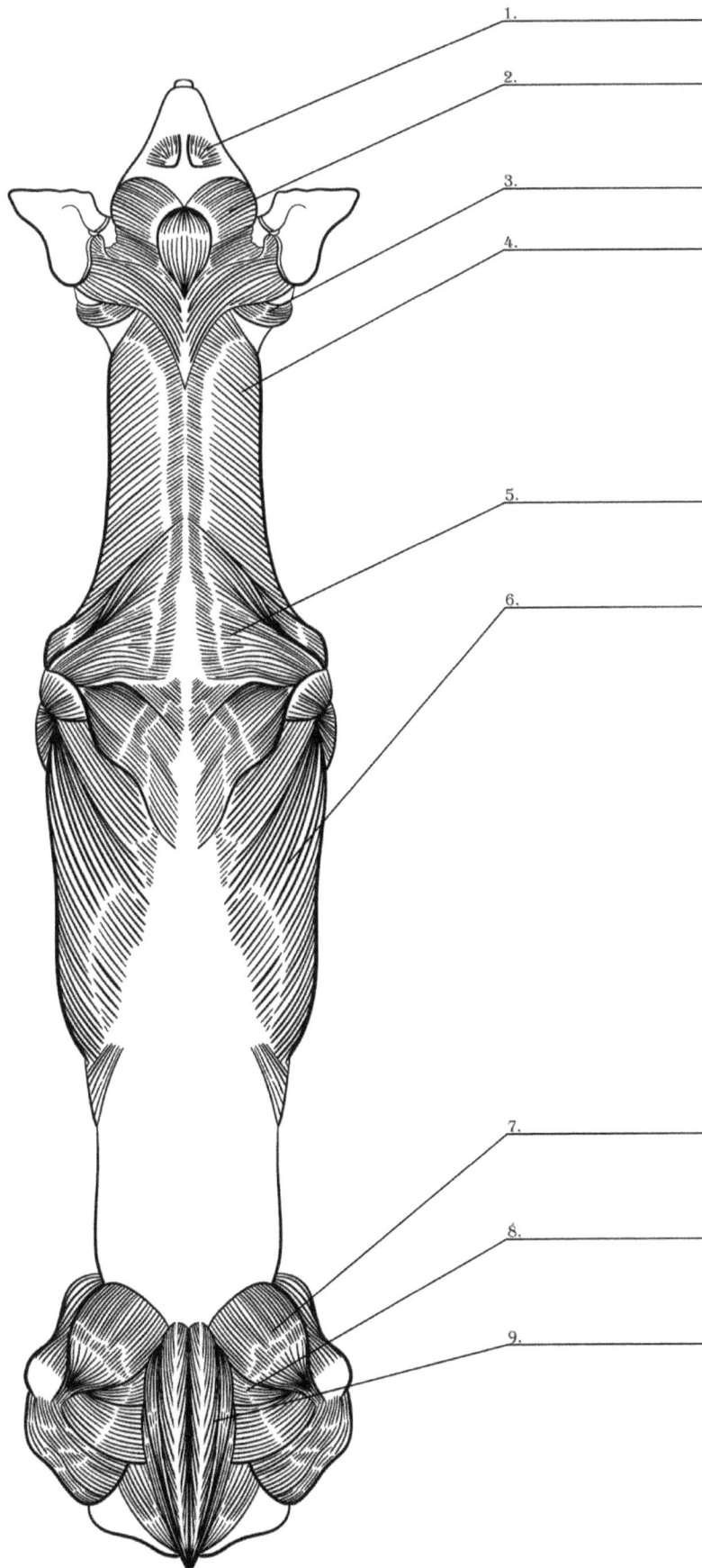

1. _____

2. _____

3. _____

4. _____

5. _____

6. _____

7. _____

8. _____

9. _____

SECCIÓN 7:MÚSCULOS DE LA CARA DORSAL DEL PERRO

SECCIÓN 7:MÚSCULOS DE LA CARA DORSAL DEL PERRO

1. MÚSCULO ELEVADOR NASOLABIAL
2. MÚSCULO PARS PALPEBRALIS
3. MÚSCULO ESTERNOCEFÁLICO
4. MÚSCULO CLEIDOBRAQUIAL
5. MÚSCULO TRAPECIO
6. MÚSCULO DORSAL ANCHO
7. MÚSCULO GLÚTEO MEDIO
8. MÚSCULO GLÚTEO MAYOR
9. MÚSCULO COXÍGEO

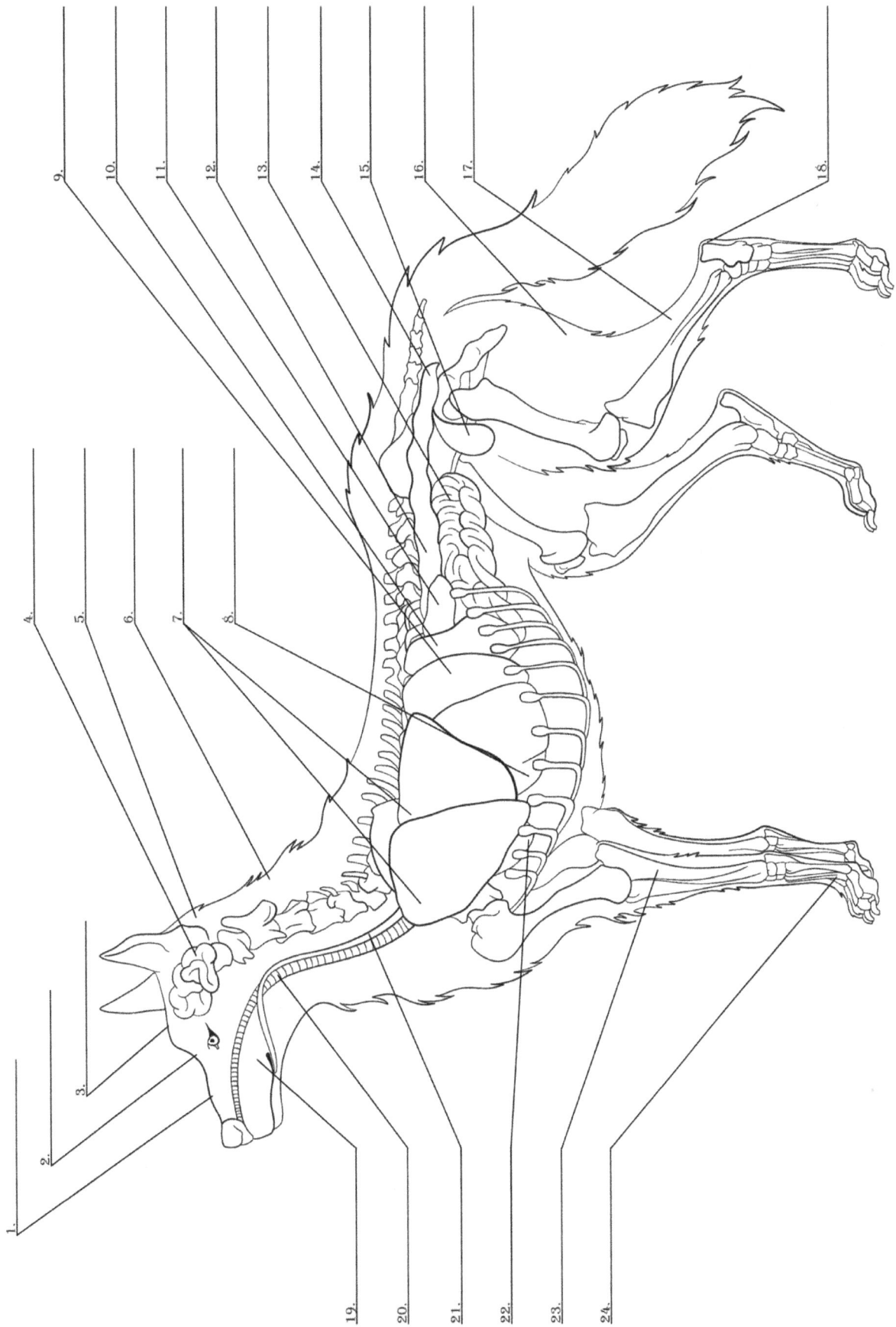

SECCIÓN 8:ÓRGANOS INTERNOS DEL PERRO

SECCIÓN 8:ÓRGANOS INTERNOS DEL PERRO

1. PUENTE DE LA NARIZ
2. STOP
3. CRÁNEO SUPERIOR
4. CEREBRO
5. NUCA
6. CUELLO
7. PULMONES
8. HÍGADO
9. ESTÓMAGO
10. BAZO
11. RIÑÓN
12. COLON
13. INTESTINO DELGADO
14. RECTO
15. VEJIGA
16. PARTE SUPERIOR DEL MUSLO
17. MUSLO INFERIOR
18. PUNTA DEL CORVEJÓN
19. HOCICO
20. LARINGE
21. ESÓFAGO
22. CORAZÓN
23. ANTEBRAZO
24. CUARTILLA

SECCIÓN 9: VASOS SANGUÍNEOS DEL PERRO

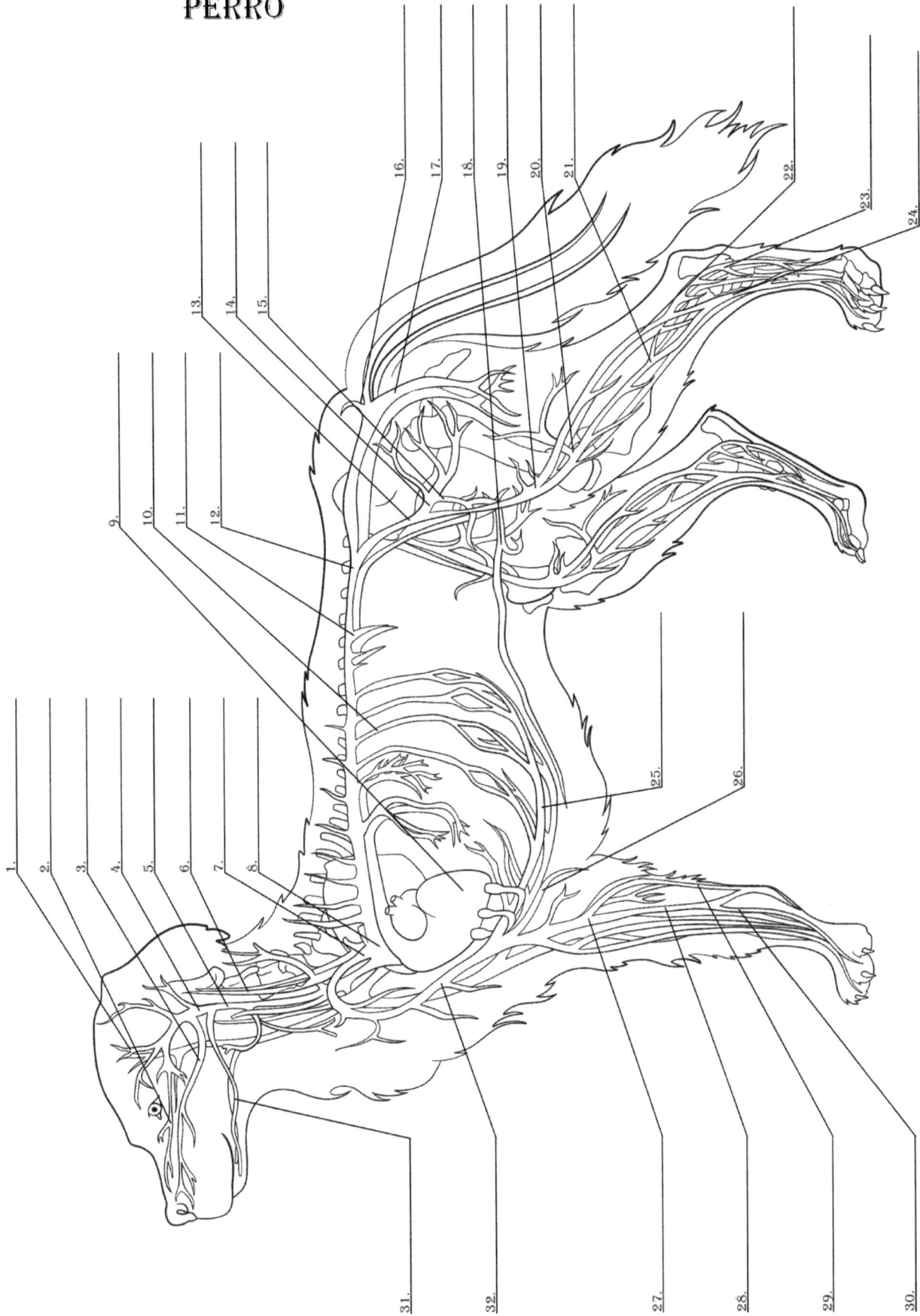

16.
17.
18.
19.
20.
21.
22.
23.
24.

13.
14.
15.

9.
10.
11.
12.

1.
2.
3.
4.
5.
6.
7.
8.

25.
26.

31.
32.
27.
28.
29.
30.

SECCIÓN 9:VASOS SANGUÍNEOS DEL PERRO

1. ARTERIA TEMPORAL SUPERFICIAL
2. ARTERIA INFRAORBITARIA
3. ARTERIA FACIAL
4. ARTERIA CARÓTIDA INTERNA
5. ARTERIA CARÓTIDA COMÚN
6. ARTERIA VERTEBRAL
7. ARTERIA SUBCLAVIA IZQUIERDA
8. AORTA
9. CORAZÓN
10. ARTERIA INTERCOSTAL
11. ARTERIA RENAL
12. AORTA ABDOMINAL
13. ARTERIA ILIACA EXTERNA IZQUIERDA
14. ARTERIA FEMORAL PROFUNDA
15. TRONCO PUDENDOEPIGÁSTRICO
16. ARTERIA GLÚTEA CRANEAL
17. ARTERIA GLÚTEA CAUDILLA
18. ARTERIA PUDENDA EXTERNA PROFUNDA
19. ARTERIA FEMORAL
20. ARTERIA FEMORAL CAUDAL DISTAL
21. ARTERIA TRIBAL CRANEAL
22. ARTERIA SAFENA
23. RAMA CAUDAL DE LA ARTERIA SAFENA
24. RAMA CRANEAL DE LA ARTERIA SAFENA
25. ARTERIA TORÁCICA INTERNA
26. ARTERIA CUBITAL COLATERAL
27. ARTERIA INTERÓSEA COMÚN
28. ARTERIA SATÉLITE DEL NERVIO MEDIANO
29. ARTERIA ULNAR
30. ARTERIA RADIAL
31. ARTERIA LINGUAL
32. ARTERIA BRAQUIAL

SECCIÓN 10: NERVIOS DEL PERRO

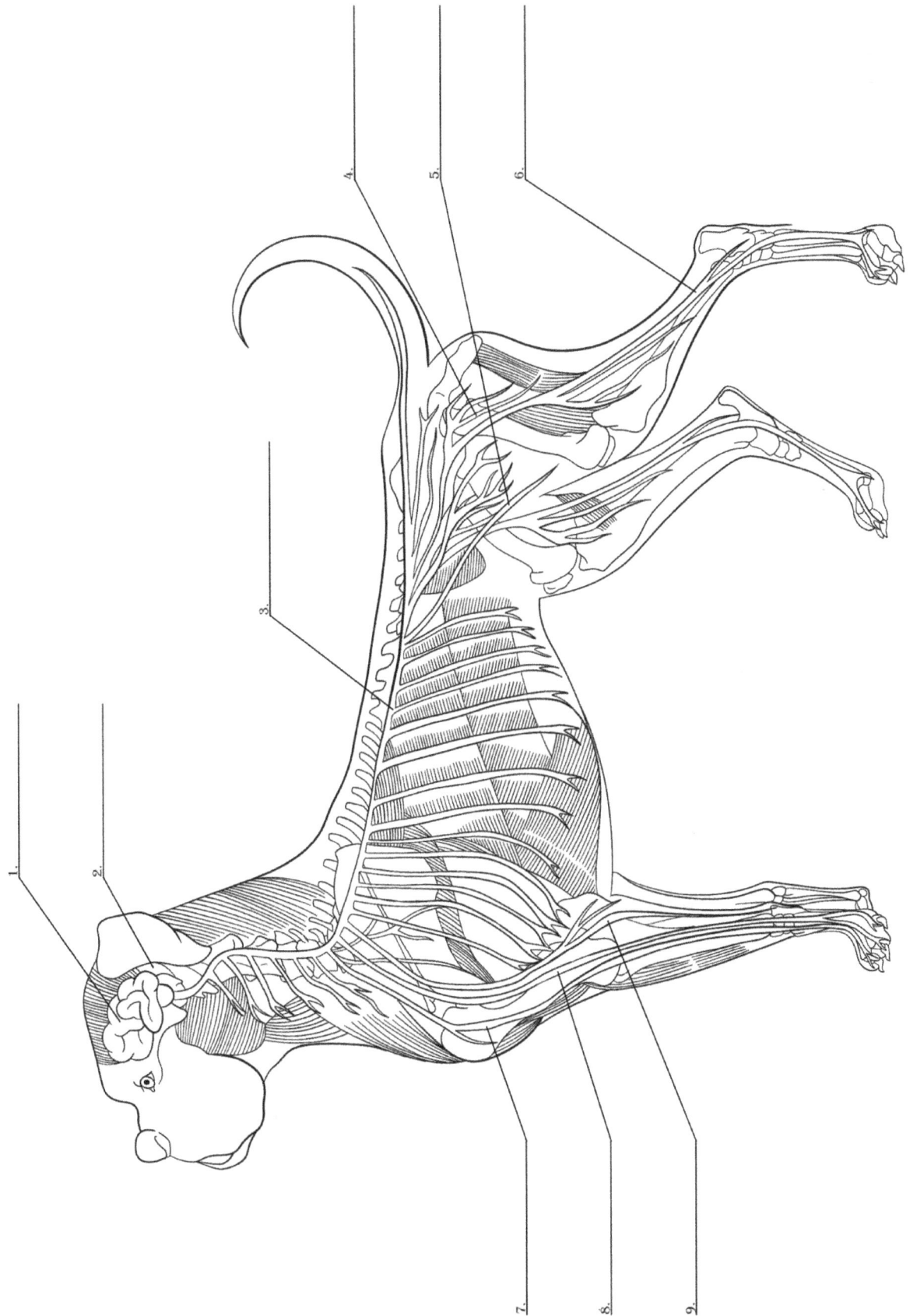

SECCIÓN 10: NERVIOS DEL PERRO

1. HEMISFERIO CEREBRAL
2. CEREBELO
3. MÉDULA ESPINAL
4. NERVIO CIÁTICO
5. NERVIO FEMORAL
6. NERVIO TIBIAL
7. NERVIO RADIAL
8. NERVIO MEDIAL
9. NERVIO CUBITAL

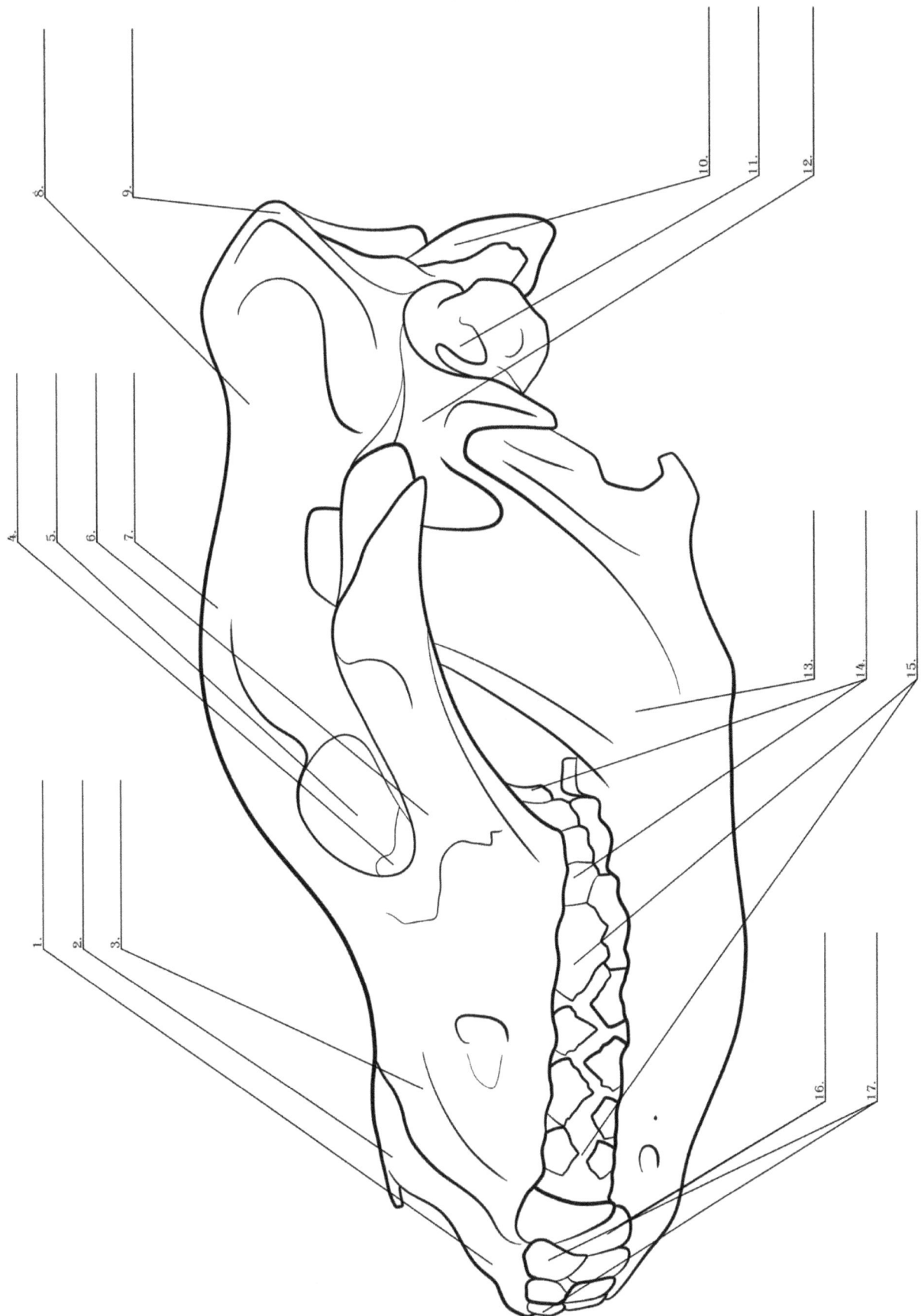

SECCIÓN 11:EL CRÁNEO DEL PERRO ASPECTO LATERAL

1. HUESO INCISIVO
2. HUESO NASAL
3. MAXILAR
4. HUESO LAGRIMAL
5. CAVIDAD ORBITARIA
6. HUESO CIGOMÁTICO
7. HUESO FRONTAL
8. HUESO PARIETAL
9. HUESO OCCIPITAL
10. CÓNDILO OCCIPITAL
11. CONDUCTO AUDITIVO EXTERNO
12. HUESO TEMPORAL
13. MANDÍBULA
14. MOLARES PRIMARIOS
15. PREMOLARES
16. DIENTES CANINOS
17. DIENTES INCISIVOS

SECCIÓN 12:DENTRO DEL CRÁNEO DEL PERRO ASPECTO LATERAL

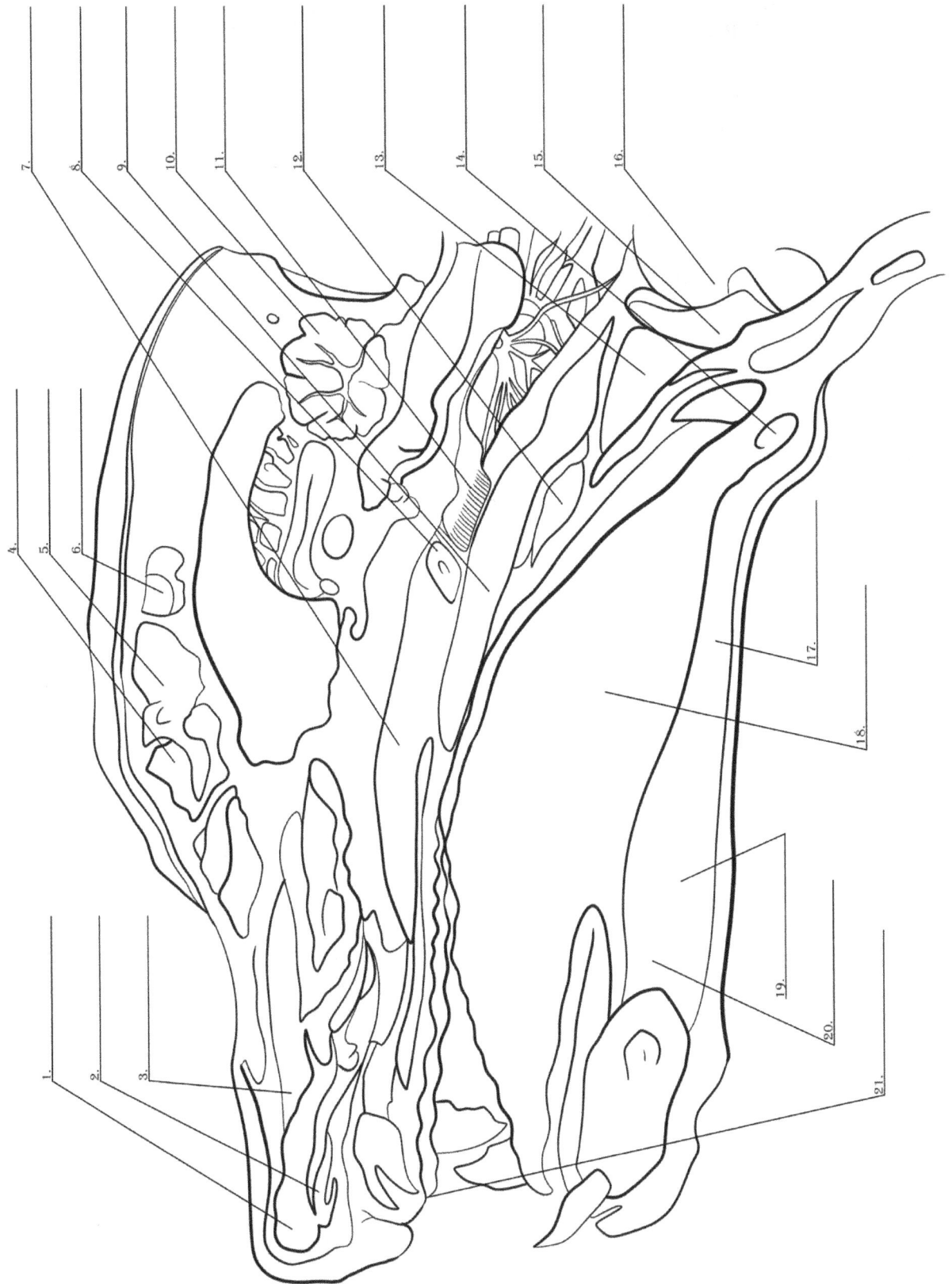

SECCIÓN 12:DENTRO DEL CRÁNEO DEL PERRO ASPECTO LATERAL

1. VESTÍBULO NASAL
2. PLIEGUE BASAL
3. LOS RECTOS SE DOBLAN
4. SENO FRONTAL ROSTRAL
5. SENO MEDIAL ROSTRAL
6. SENO FRONTAL LATERAL
7. PARS NASALIS
8. OSTIO FARÍNGEO DEL TUBO AUDITIVO
9. VELO DEL PALADAR
10. CEREBELO
11. MÚSCULO ELEVADOR DEL VELO PALATINO
12. AMÍGDALA PALATINA
13. VESTÍBULO DE LARINGE
14. HYOIDEI
15. PLIEGUE VESTIBULAR
16. GLOTIS
17. MÚSCULO MILOHIOIDEO
18. MÚSCULO LINGUALIS PROPRIUS
19. MÚSCULO GENIOHIOIDEO
20. MÚSCULO GENIOGLOSO
21. VESTÍBULO DE BOCA

SECCIÓN 13: EL CRÁNEO DEL PERRO ASPECTO DORSAL

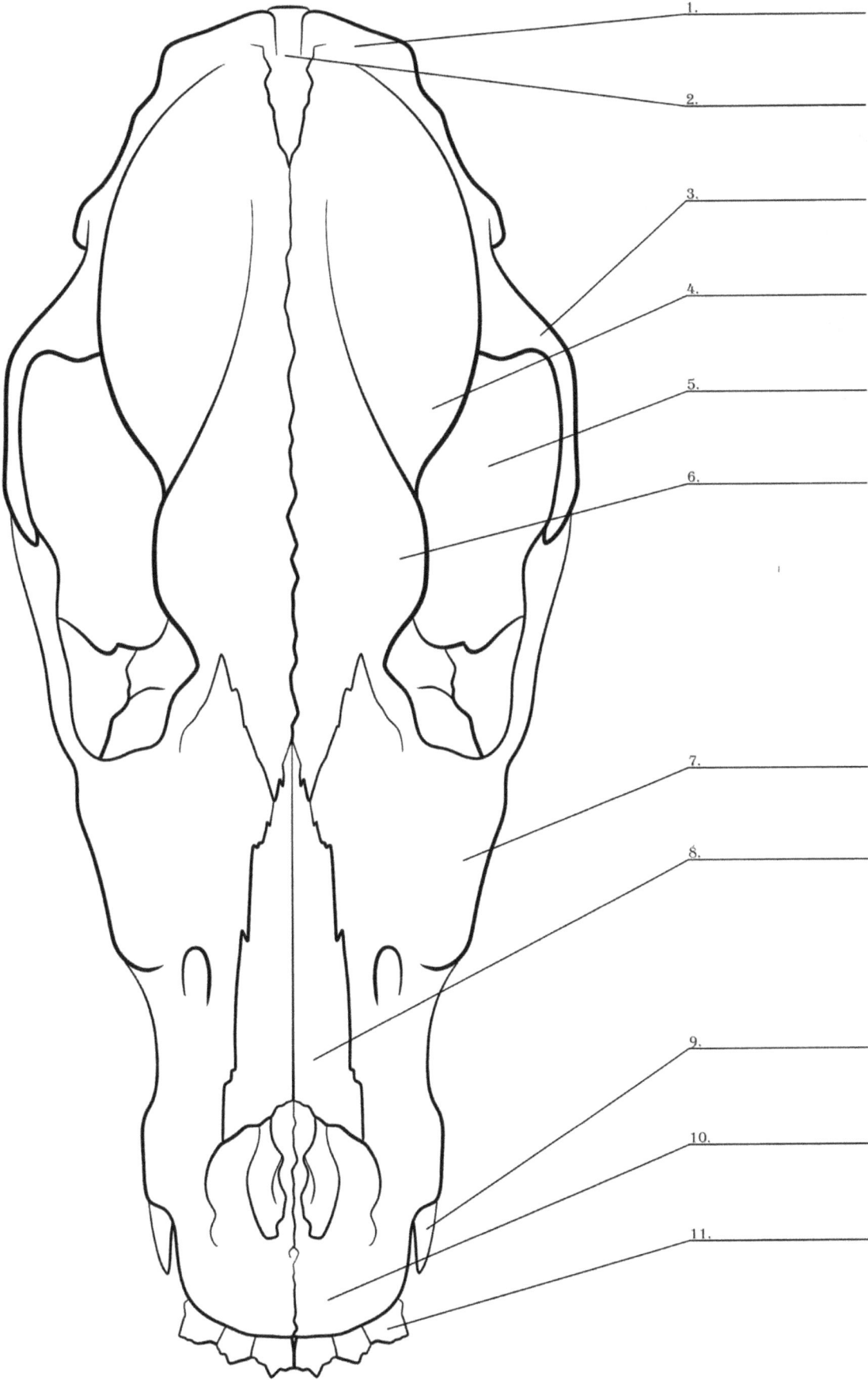

1. _____

2. _____

3. _____

4. _____

5. _____

6. _____

7. _____

8. _____

9. _____

10. _____

11. _____

SECCIÓN 13:EL CRÁNEO DEL PERRO ASPECTO DORSAL

1. CRESTA NUCAL
2. CRESTA ÓSEA MEDIANA
3. ARCO CIGOMÁTICO
4. FOSA TEMPORAL
5. CAVIDAD ORBITARIA
6. PROCESO CIGOMÁTICO DEL HUESO FRONTAL.
7. CRESTA FACIAL
8. HUESO NASAL
9. DIENTES CANINOS
10. HUESO INCISIVO
11. DIENTES INCISIVOS

SECCIÓN 14:EL CRÁNEO DEL PERRO ASPECTO VENTRAL

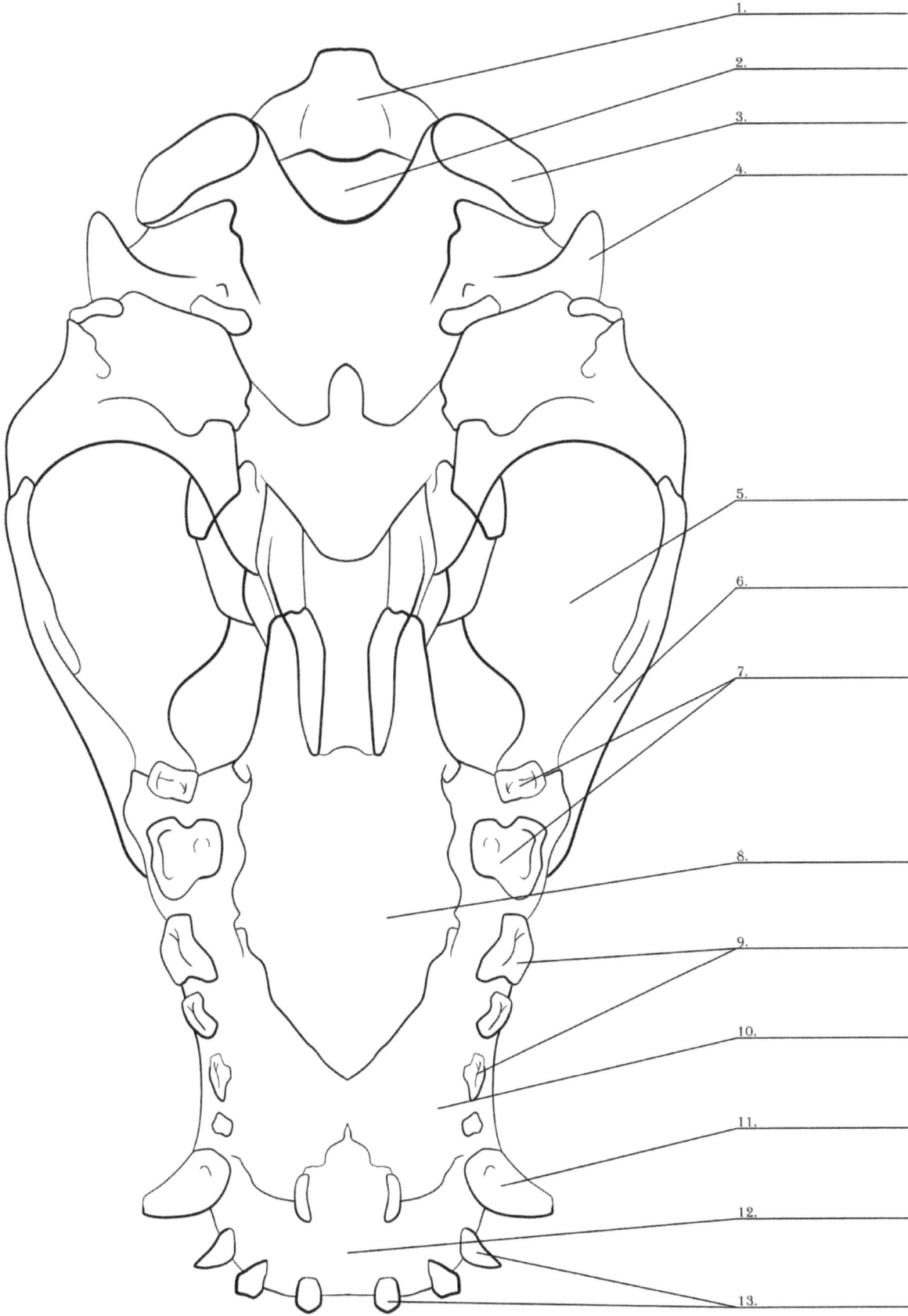

1.

2.

3.

4.

5.

6.

7.

8.

9.

10.

11.

12.

13.

SECCIÓN 14:EL CRÁNEO DEL PERRO ASPECTO VENTRAL

1. HUESO OCCIPITAL
2. FORAMEN MAGNO
3. CÓNDILO OCCIPITAL
4. PROCESO YUGULAR
5. CAVIDAD ORBITARIA
6. ARCO CIGOMÁTICO
7. MOLARES PRIMARIOS
8. HUESO PALATINO
9. PREMOLARES
10. MAXILAR
11. DIENTES CANINOS
12. HUESO INCISIVO
13. DIENTES INCISIVOS

SECCIÓN 15: SECCIÓN LOS MÚSCULOS DE LA CABEZA CARA LATERAL

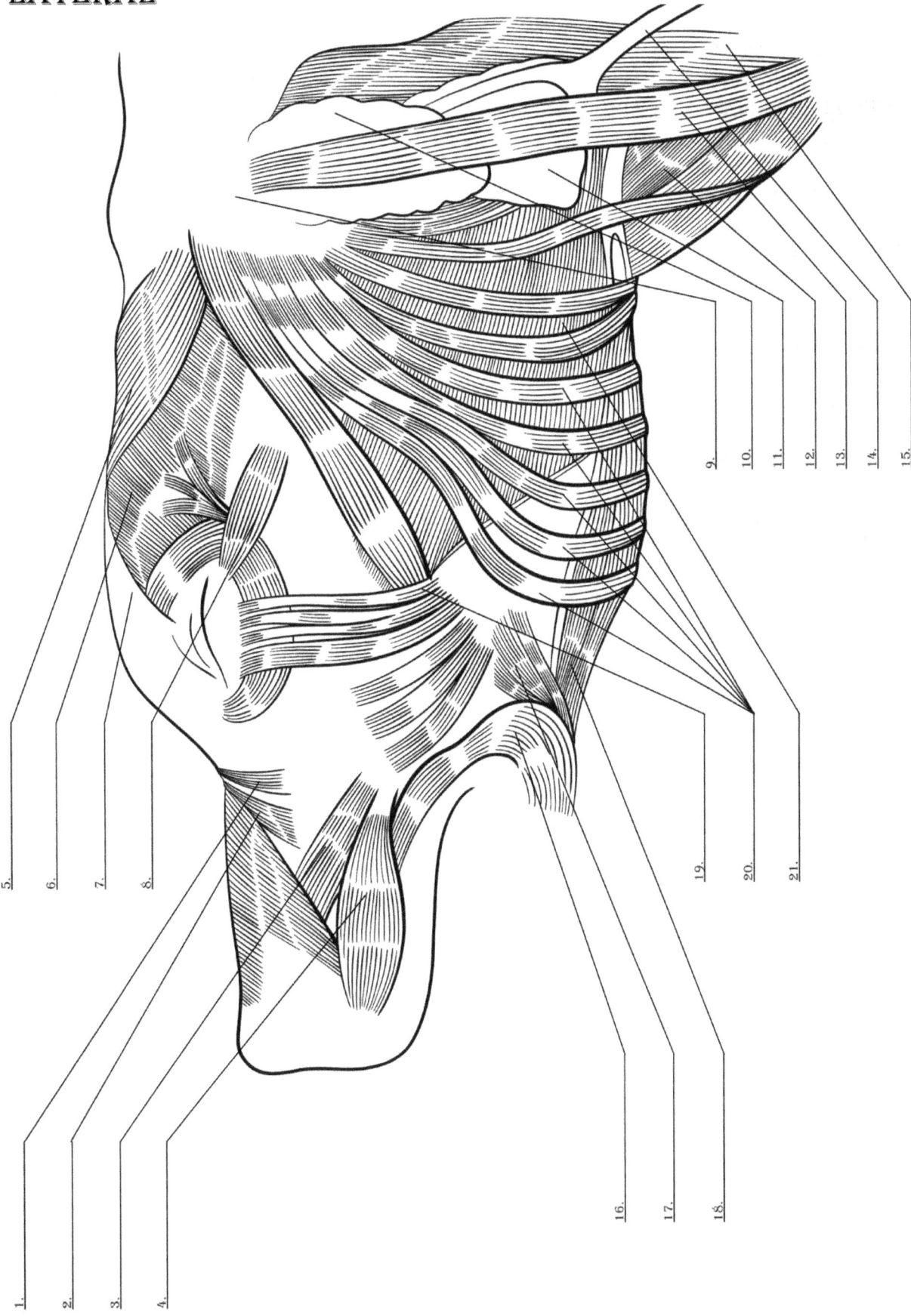

9.

10.

11.

12.

13.

14.

15.

5.

6.

7.

8.

19.

20.

21.

16.

17.

18.

1.

2.

3.

4.

SECCIÓN 15: SECCIÓN LOS MÚSCULOS DE LA CABEZA CARA LATERAL

1. MÚSCULO LATERAL DE LA NARIZ
2. MÚSCULO ELEVADOR NASOLABIAL
3. MÚSCULO ELEVADOR DEL LABIO MAXILAR
4. MÚSCULO CANINO
5. MÚSCULO FRONTOSCUTULARIS
6. MÚSCULO TEMPORAL
7. MÚSCULO ELEVADOR DEL ÁNGULO DEL OJO INTERNO
8. MÚSCULO RETRACTOR ANGULI OCULI LATERALIS
9. CARTILAGEM ESCUTIFORME
10. GLÁNDULA PARÓTIDA
11. GLÁNDULA MANDIBULAR
12. MÚSCULO ESTERNOCLEIDOHIOIDEO
13. MÚSCULO PAROTIDEO-AURICULARIS
14. VENA Y SURCO YUGULARES
15. MÚSCULO ESTERNOCEFÁLICO
16. MÚSCULO ORBICULAR DE LOS LABIOS
17. MÚSCULO CIGOMÁTICO (ELEVADOR DEL ÁNGULO LABIAL)
18. MÚSCULO DEPRESOR LABII MANDIBULARIS
19. MÚSCULO MALARIA
20. MÚSCULOS CUTÁNEOS CIGOMÁTICOS
21. MÚSCULO MASETERO

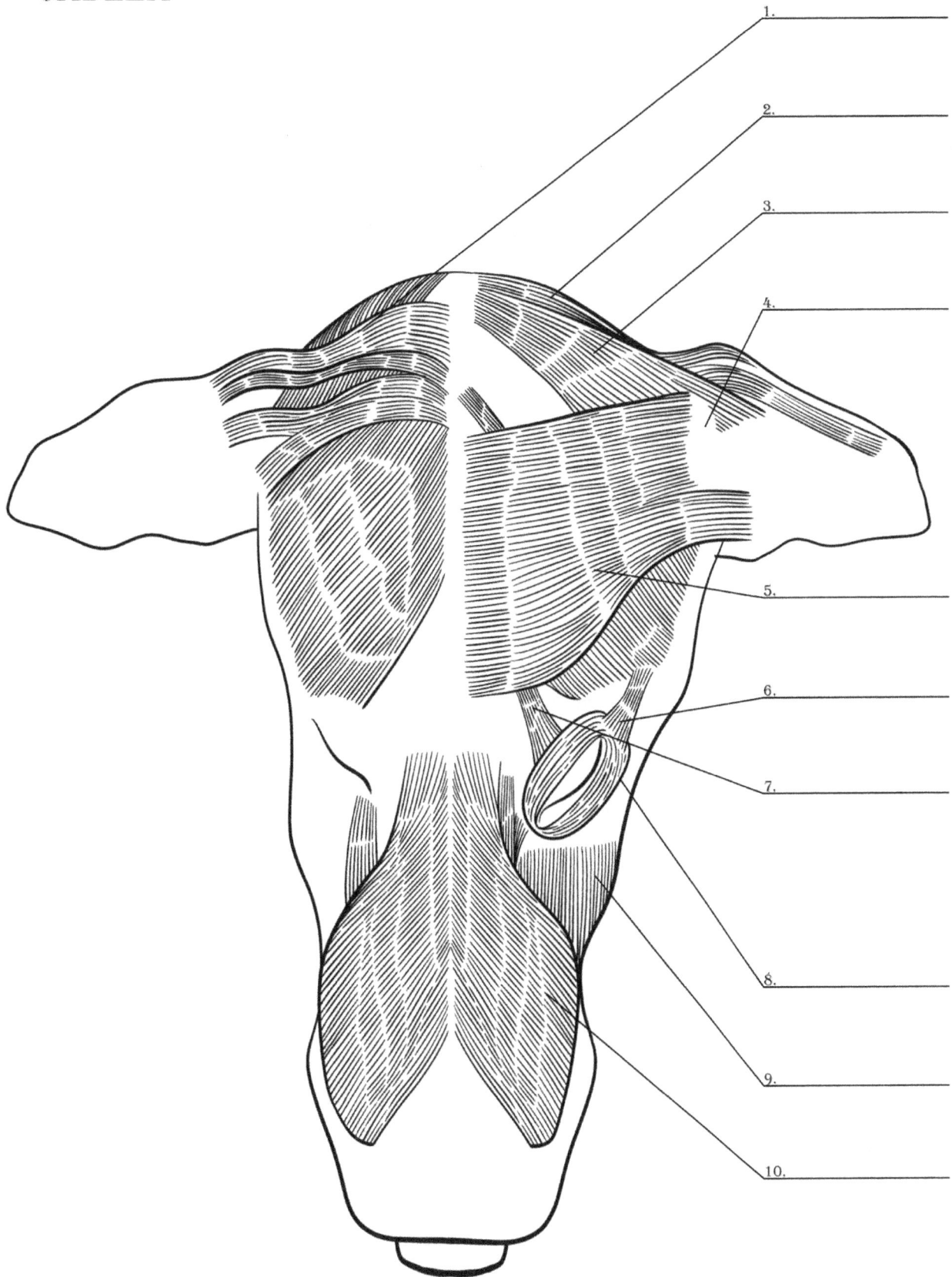

1.

2.

3.

4.

5.

6.

7.

8.

9.

10.

SECCIÓN 16: LOS MÚSCULOS DE LA CARA DORSAL DE LA CABEZA

1. MÚSCULO CERVICOAURICULARIS SUPERFICIALIS
2. MÚSCULO CERVICOAURICULARIS PROFUNDO
3. MÚSCULO PARIETO AURICULARIS
4. CARTILAGEM ESCUTIFORME
5. MÚSCULO FRONTOAURICULARIS Y FRONTOSCUTULARIS
6. MÚSCULO RETRACTOR ANGULI OCULI LATERALIS
7. MÚSCULO ELEVADOR DEL ÁNGULO DE LOS PÁRPADOS
8. MÚSCULO ORBICULAR DE LOS OJOS
9. MÚSCULO MALARIA
10. MÚSCULO ELEVADOR NASOLABIAL

SECCIÓN 17: EL CEREBRO DEL PERRO

DORSAL VIEW

1.

2.

3.

4.

5.

6.

7.

8.

9.

10.

11.

12.

13.

14.

15.

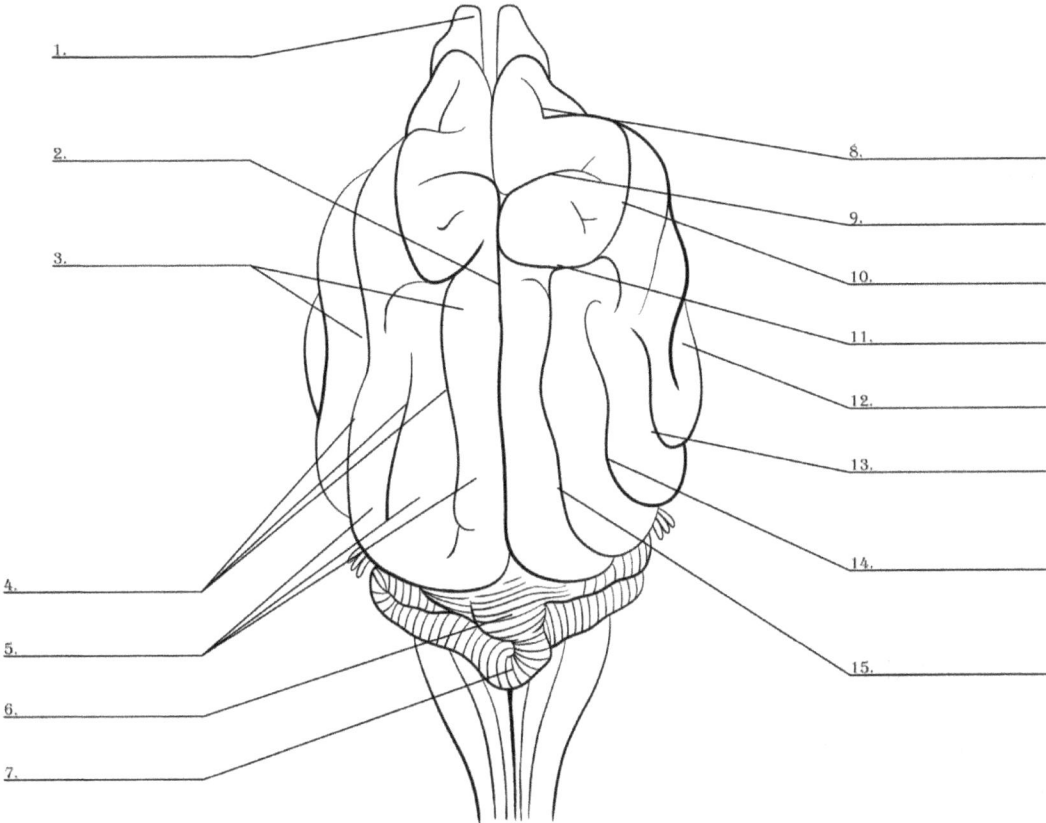

TRANSVERSE SECTION

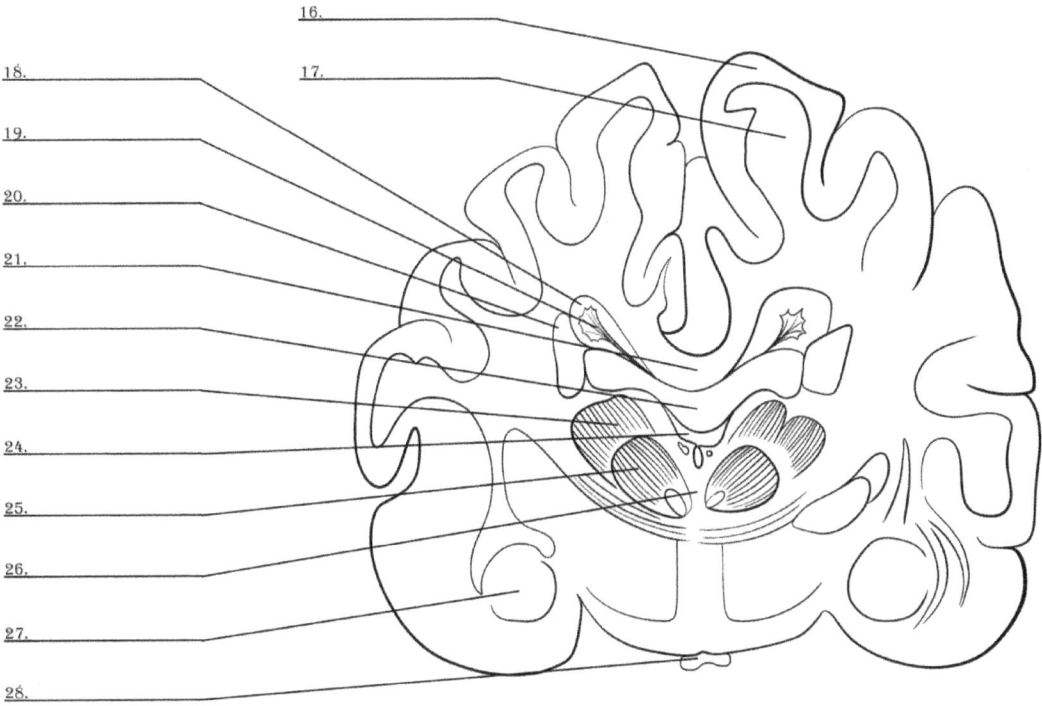

16.

17.

18.

19.

20.

21.

22.

23.

24.

25.

26.

27.

28.

SECCIÓN 17: EL CEREBRO DEL PERRO

VISTA DORSAL
1. BULBO OLFATORIO
2. FISURA LONGITUDINAL
3. HEMISFERIO CEREBRAL
4. SURCOS CEREBRALES
5. GIROS CEREBRALES
6. CEREBELO
7. VERMIS DE CEREBELO
8. PROREANO
9. SURCO CRUZADO
10. SURCO CORONAL
11. CISURA RINAL
12. SURCO ECTOSILVIO CAUDAL
13. SURCO SUPRASILVIO
14. SURCO ECTOMARGINAL
15. SURCO MARGINAL
SECCIÓN TRANSVERSAL
16. CORTEZA CEREBRAL (SUSTANCIA GRIS)
17. MEDULA (SUSTANCIA BLANCA)
18. VENTRÍCULO LATERAL
19. PLEXO COROIDEO DEL VENTRÍCULO LATERAL
20. NÚCLEO CAUDADO
21. CUERPO CALLOSO
22. FÓRNIX
23. NÚCLEO ROSTRAL Y LATERANO
24. TERCER VENTRÍCULO
25. ADHESIÓN INTERTALÁMICA
26. NÚCLEO SUBTALÁMICO
27. CÁPSULA EXTERNA
28. QUIASMA ÓPTICO

SECCIÓN 18: EL OJO DEL PERRO
ROSTRAL VIEW

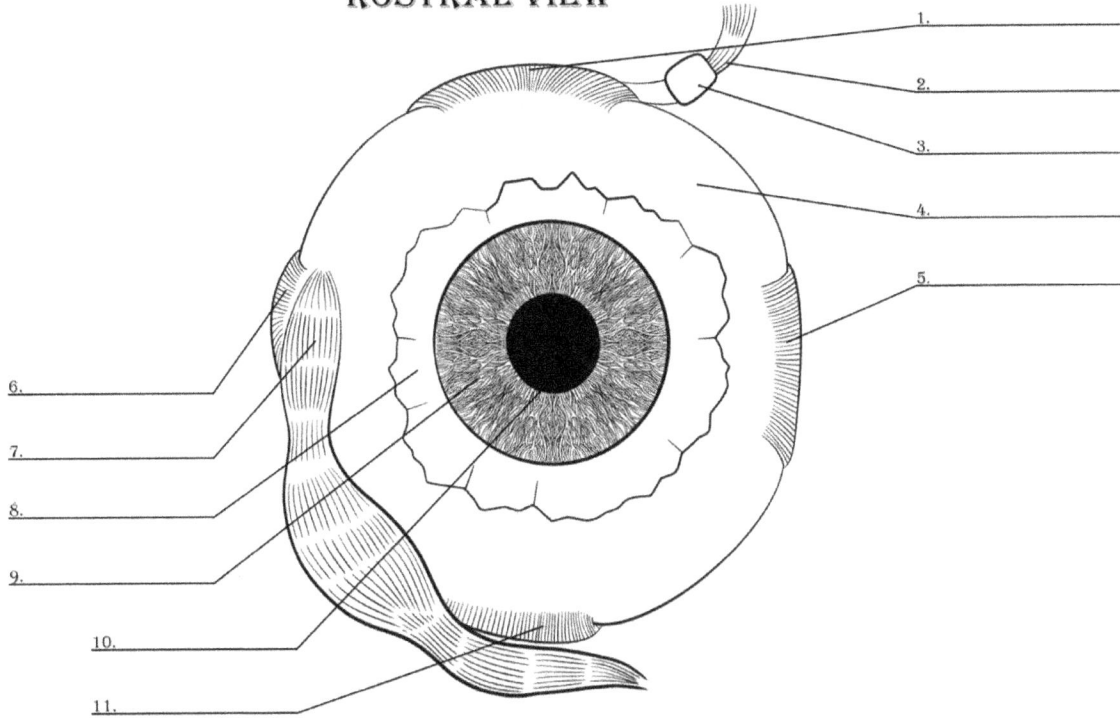

1.
2.
3.
4.
5.
6.
7.
8.
9.
10.
11.

NASAL VIEW

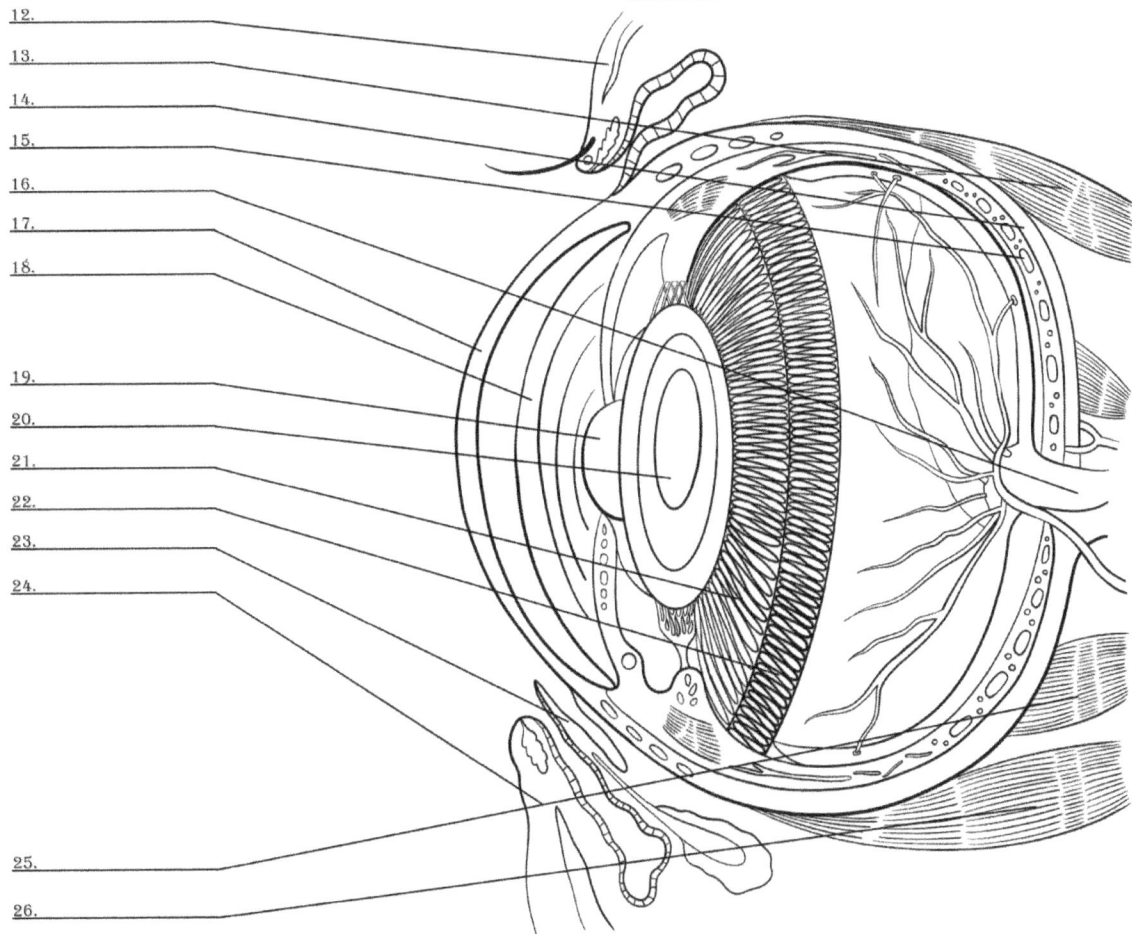

12.
13.
14.
15.
16.
17.
18.
19.
20.
21.
22.
23.
24.
25.
26.

SECCIÓN 18: EL OJO DEL PERRO

VISTA ROSTRAL
1. MÚSCULO RECTO LATERAL
2. MÚSCULO OBLICUO DORSALES
3. TRÓCLEA
4. ESCLERÓTICA
5. MÚSCULO RECTO MEDIO
6. MÚSCULO LATERAL RECTO
7. MÚSCULO OBLIQUUS VENTRIS
8. TUNICA CONJUNTIVA DEL BULBO
9. IRIS
10. PUPILA
11. MÚSCULO RECTO VENTRIS
VISTA NASAL
12. PALPEBRAL SUPERIOR
13. MÚSCULO RECTO DORSAL
14. ESCLERÓTICA
15. COROIDES
16. NERVIO ÓPTICO
17. CÓRNEA
18. IRIS
19. PUPILA
20. LENTE
21. CUERPO CILIAR
22. ORBICULARIS CILIARIS
23. TERCER PÁRPADO
24. PALPEBRAL INFERIOR
25. MÚSCULO RETRACTOR DEL BULBO
26. MÚSCULO RECTO VENTRAL

SECCIÓN 19: LA NARIZ DEL PERRO

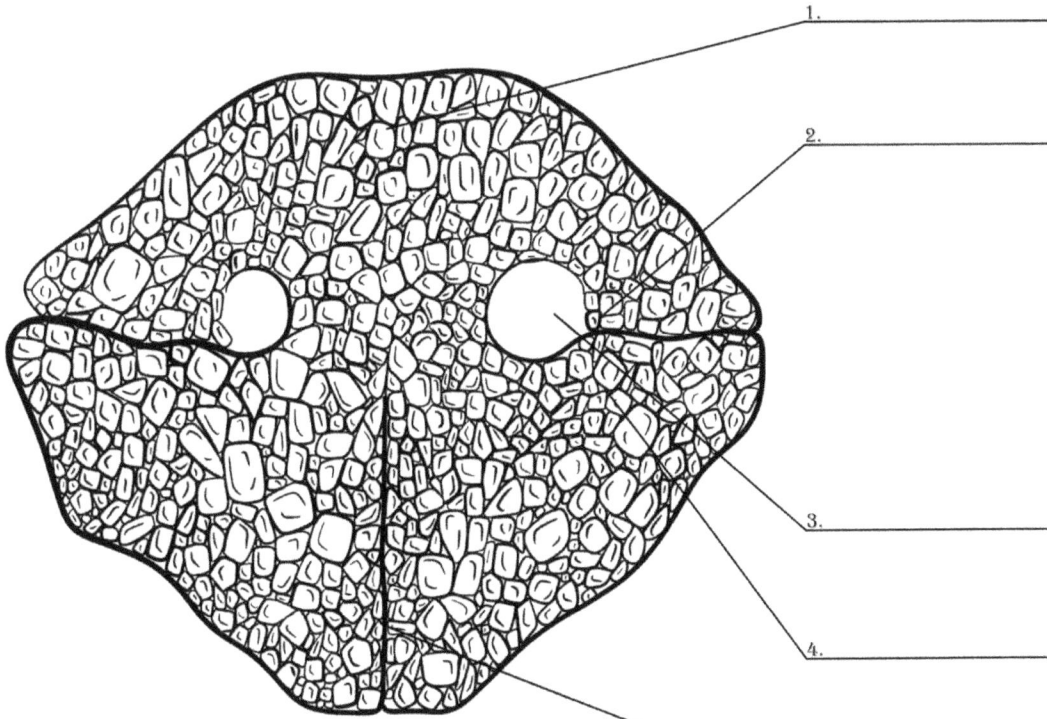

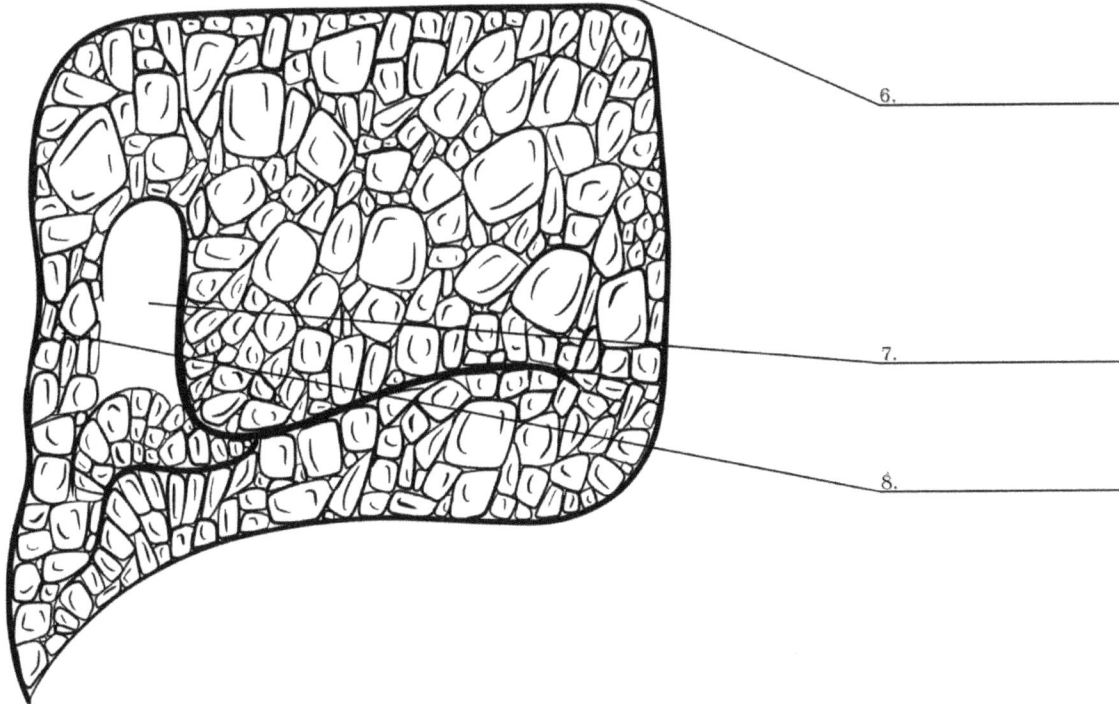

1. _____

2. _____

3. _____

4. _____

5. _____

6. _____

7. _____

8. _____

SECCIÓN 19: LA NARIZ DEL PERRO

1. NASAL COMPLETA O RHINARIUM
2. PLIEGUE ALAR
3. FOSA NASAL VERDADERA
4. FOSA NASAL FALSA
5. SURCO LABIAL
6. LABIO SUPERIOR
7. NARINAS EXTERNAS
8. SURCO NASOLABIAL

SECCIÓN 20: LA OREJA DEL PERRO

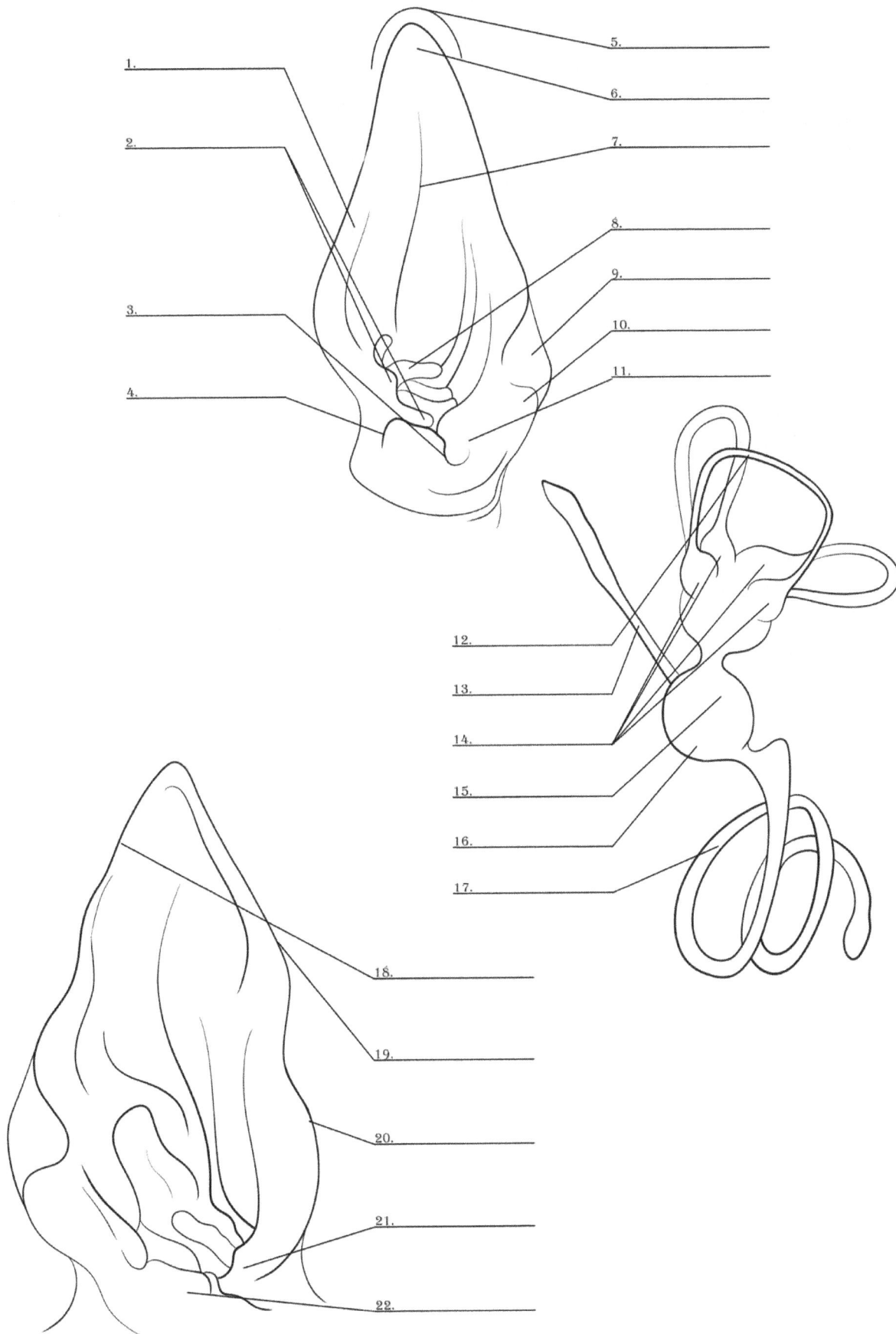

1.

2.

3.

4.

5.

6.

7.

8.

9.

10.

11.

12.

13.

14.

15.

16.

17.

18.

19.

20.

21.

22.

SECCIÓN 20: LA OREJA DEL PERRO

1. SPINA HELICIS
2. CURA HELICIS
3. MUESCA INTERTRÁGICA
4. MUESCA PRETRÁGICA
5. HELICOIDAL
6. APÉNDICE
7. SCAPHA
8. ANTEHÉLIX
9. BOLSA CUTÁNEA
10. CAUDA HELICIS
11. ANTI TRAGUS
12. CONDUCTO SEMICIRCULAR
13. SACO ENDOLINFÁTICO
14. AMPOLLA MEMBRANOSA
15. UTRICULUS
16. SACCULUS
17. CONDUCTO COCLEAR
18. BORDE LATERAL DE HÉLICE
19. BORDE MEDIAL DE LA HÉLICE
20. ESPINA DE HÉLICE
21. CRUS LATERAL DE HÉLICE
22. TRAGUS

SECCIÓN 21: EXTREMIDAD TORÁCICA CARA LATERAL

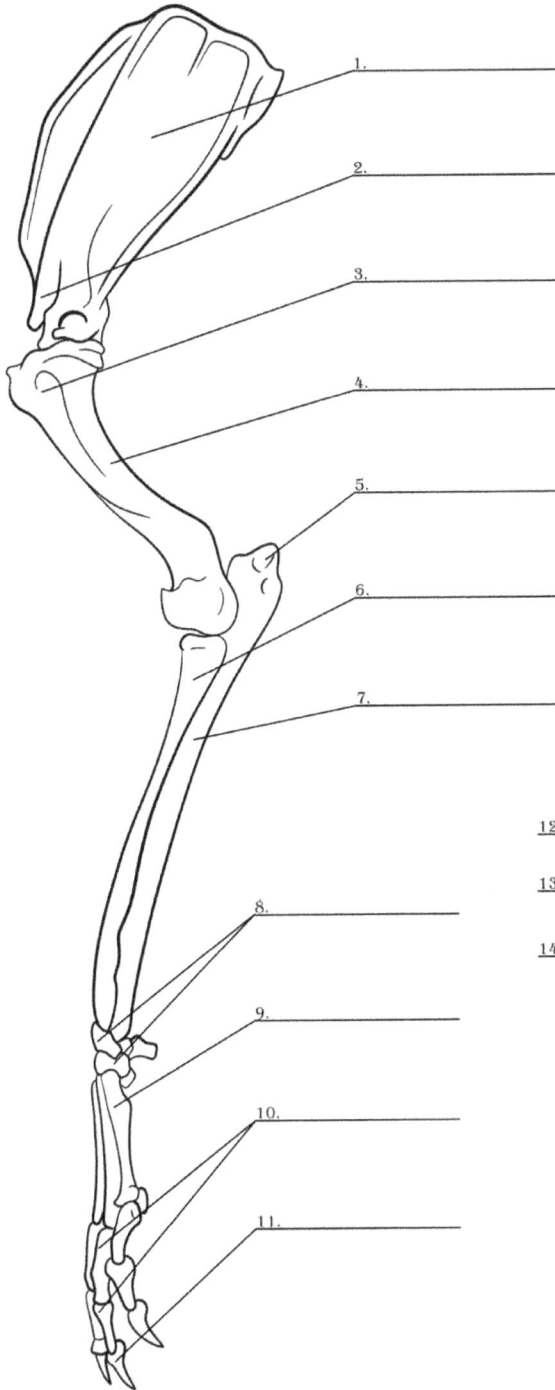

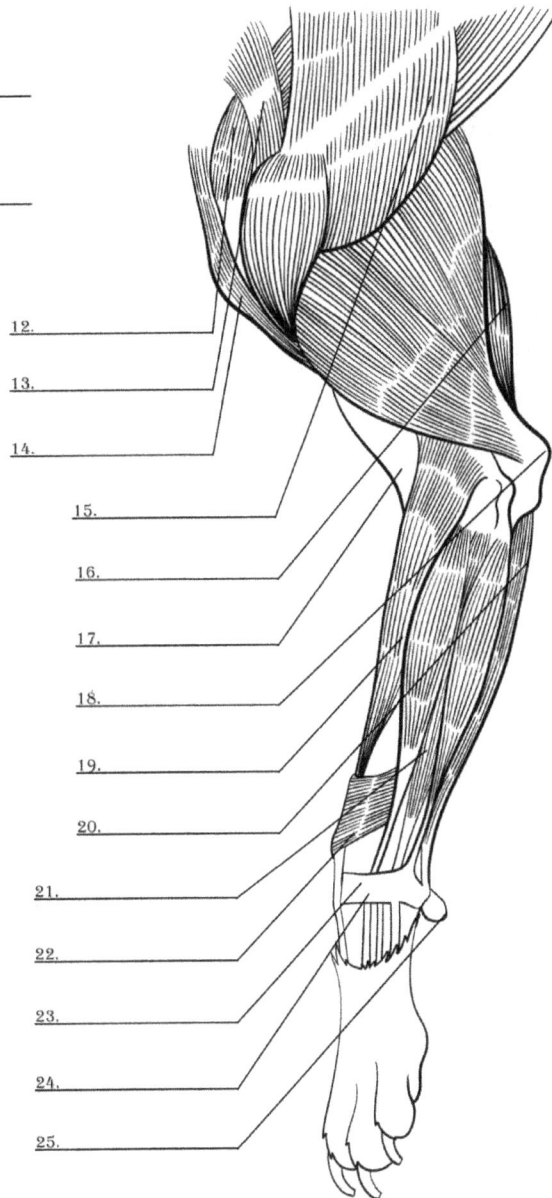

1.

2.

3.

4.

5.

6.

7.

8.

9.

10.

11.

12.

13.

14.

15.

16.

17.

18.

19.

20.

21.

22.

23.

24.

25.

SECCIÓN 21: EXTREMIDAD TORÁCICA CARA LATERAL

1. ESCÁPULA
2. ESPINA DEL OMÓPLATO
3. CÓNDILO MUSCULAR DEL HÚMERO
4. HÚMERO
5. PROCESO DEL CÚBITO
6. RADIO
7. CÚBITO
8. HUESOS CARPIANOS
9. HUESO METACARPIANO
10. HUESOS DE LAS FALANGES PROXIMALES Y MEDIAS
11. HUESOS DE GARRA
12. MÚSCULO SUPRAESPINOSO
13. MÚSCULO OMOTRANSVERSARIO
14. MÚSCULO BRAQUIOCEFÁLICO
15. MÚSCULO TRAPECIO
16. MÚSCULO TRÍCEPS BRAQUIAL
17. MÚSCULO BRAQUIAL
18. OLÉCRANON
19. MÚSCULO BRAQUIORRADIAL
20. MÚSCULO FLEXOR CUBITAL DEL CARPO
21. MÚSCULO EXTENSOR LATERAL DE LOS DEDOS
22. ABDUCTOR DIGITI 1ER MÚSCULO LARGO
23. MÚSCULO EXTENSOR CUBITAL DEL CARPO
24. LIGAMENTO TRANSVERSO DE FIJACIÓN DEL TENDÓN DEL CARPO
25. COJÍN CARPIANO

SECCIÓN 22: ASPECTO CRANEAL DE LA EXTREMIDAD TORÁCICA

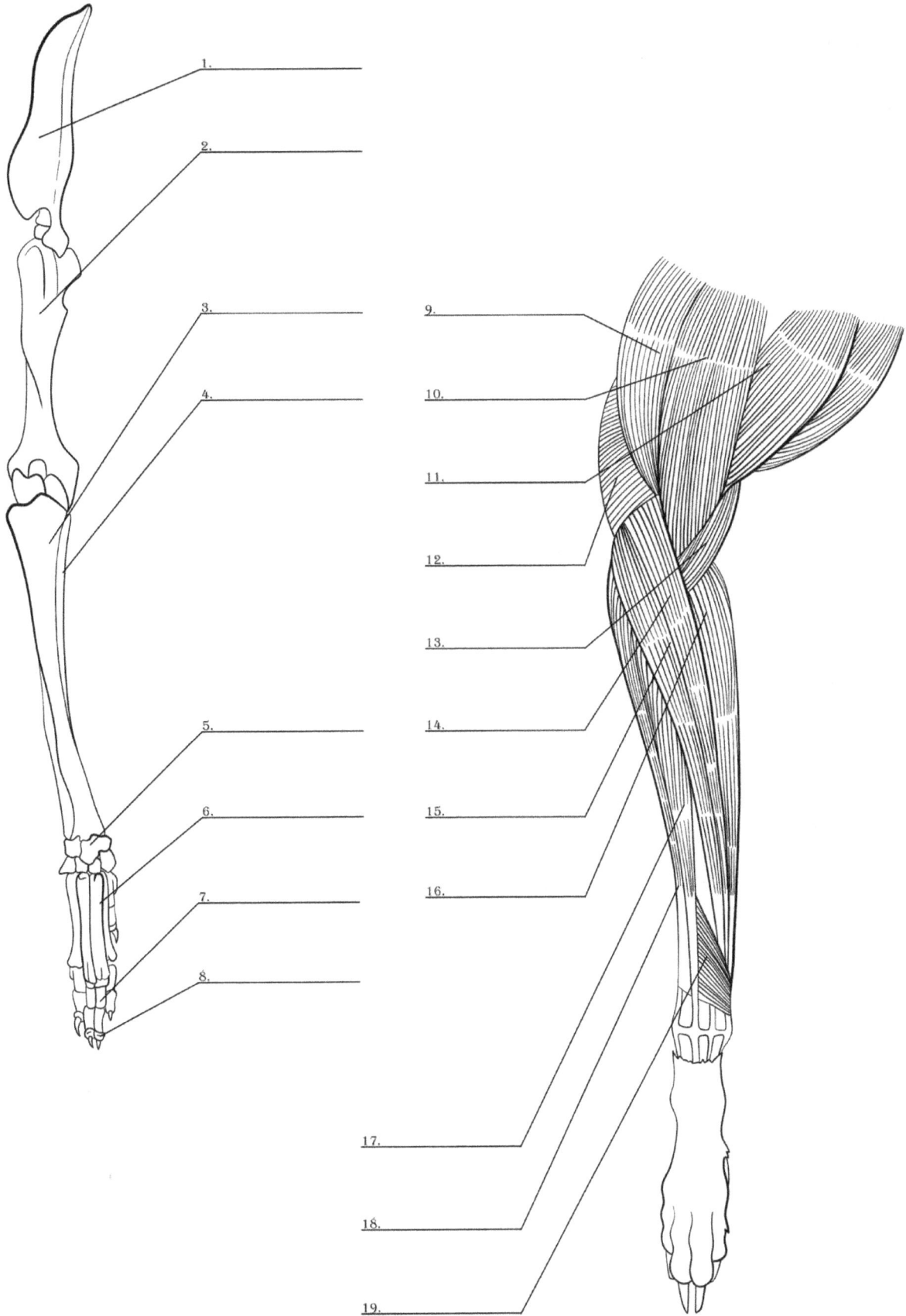

1.

2.

3.

4.

5.

6.

7.

8.

9.

10.

11.

12.

13.

14.

15.

16.

17.

18.

19.

SECCIÓN 22: ASPECTO CRANEAL DE LA EXTREMIDAD TORÁCICA

1. ESCÁPULA
2. HÚMERO
3. RADIO
4. CÚBITO
5. CARPO
6. METACARPO
7. FALANGE
8. GARRA
9. MÚSCULO DELTOIDEO
10. MÚSCULO BRAQUIOCEFÁLICO
11. MÚSCULO PECTORAL SUPERFICIAL
12. MÚSCULO TRÍCEPS BRAQUIAL
13. MÚSCULO BRAQUIAL
14. MÚSCULO BRAQUIORRADIAL
15. MÚSCULO EXTENSOR RADIAL DEL CARPO
16. PRONADOR REDONDO Y FLEXOR RADIAL DEL CARPO
17. MÚSCULO EXTENSOR DE LOS DEDOS DEL COMÚN
18. MÚSCULO EXTENSOR LATERAL DE LOS DEDOS
19. LIGAMENTO TRANSVERSO DE FIJACIÓN DEL TENDÓN DEL CARPO

SECCIÓN 23: EXTREMIDAD PÉLVICA CARA LATERAL

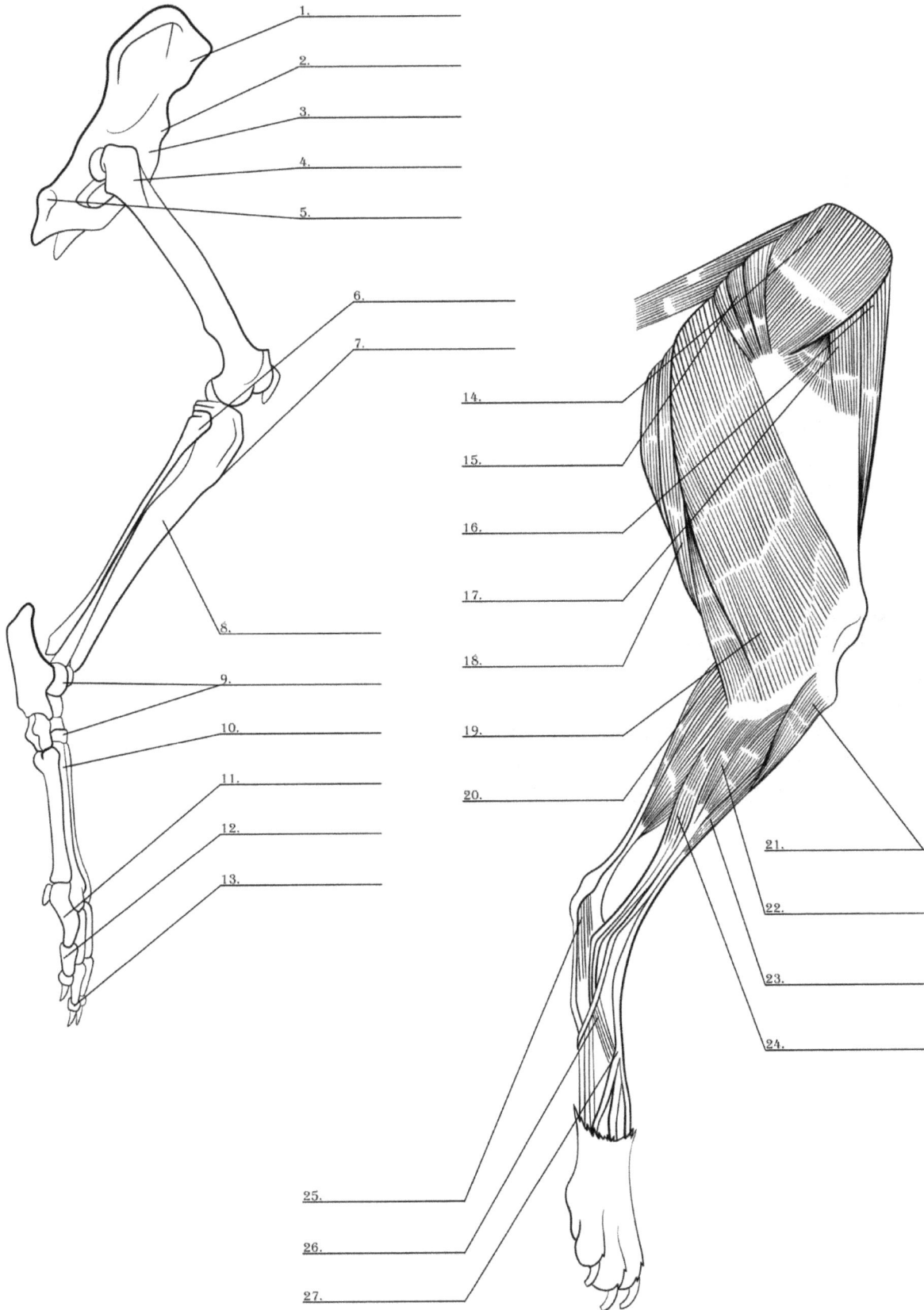

1.
2.
3.
4.
5.
6.
7.
8.
9.
10.
11.
12.
13.
14.
15.
16.
17.
18.
19.
20.
21.
22.
23.
24.
25.
26.
27.

SECCIÓN 23:EXTREMIDAD PÉLVICA CARA LATERAL

1. HUESO DE LA CADERA
2. HUESO PÚBICO
3. PELVIS
4. FÉMUR
5. ISQUION
6. PERONÉ
7. CRESTA TIBIAL
8. TIBIA
9. HUESO DEL TARSO
10. HUESO METATARSAL
11. FALANGES MEDIAS
12. FALANGES PROXIMALES
13. HUESOS DE GARRA
14. MÚSCULO GLÚTEO MEDIO
15. MÚSCULO GLÚTEO SUPERFICIAL
16. MÚSCULO SARTORIO
17. MÚSCULO TENSOR DE LA FASCIA LATA
18. MÚSCULO SEMITENDINOSO
19. MÚSCULO BÍCEPS FEMORAL
20. MÚSCULO TRÍCEPS SURAL
21. MÚSCULO TIBIAL CRANEAL
22. MÚSCULO PERONEO LARGO
23. MÚSCULO EXTENSOR LARGO DE LOS DEDOS
24. MÚSCULO FLEXOR LARGO DEL DEDO GORDO
25. MÚSCULO FLEXOR SUPERFICIAL DE LOS DEDOS
26. MÚSCULO EXTENSOR CORTO DE LOS DEDOS
27. MÚSCULO EXTENSOR LATERAL DE LOS DEDOS

SECCIÓN 24:CARA CAUDAL DEL MIEMBRO PÉLVICO

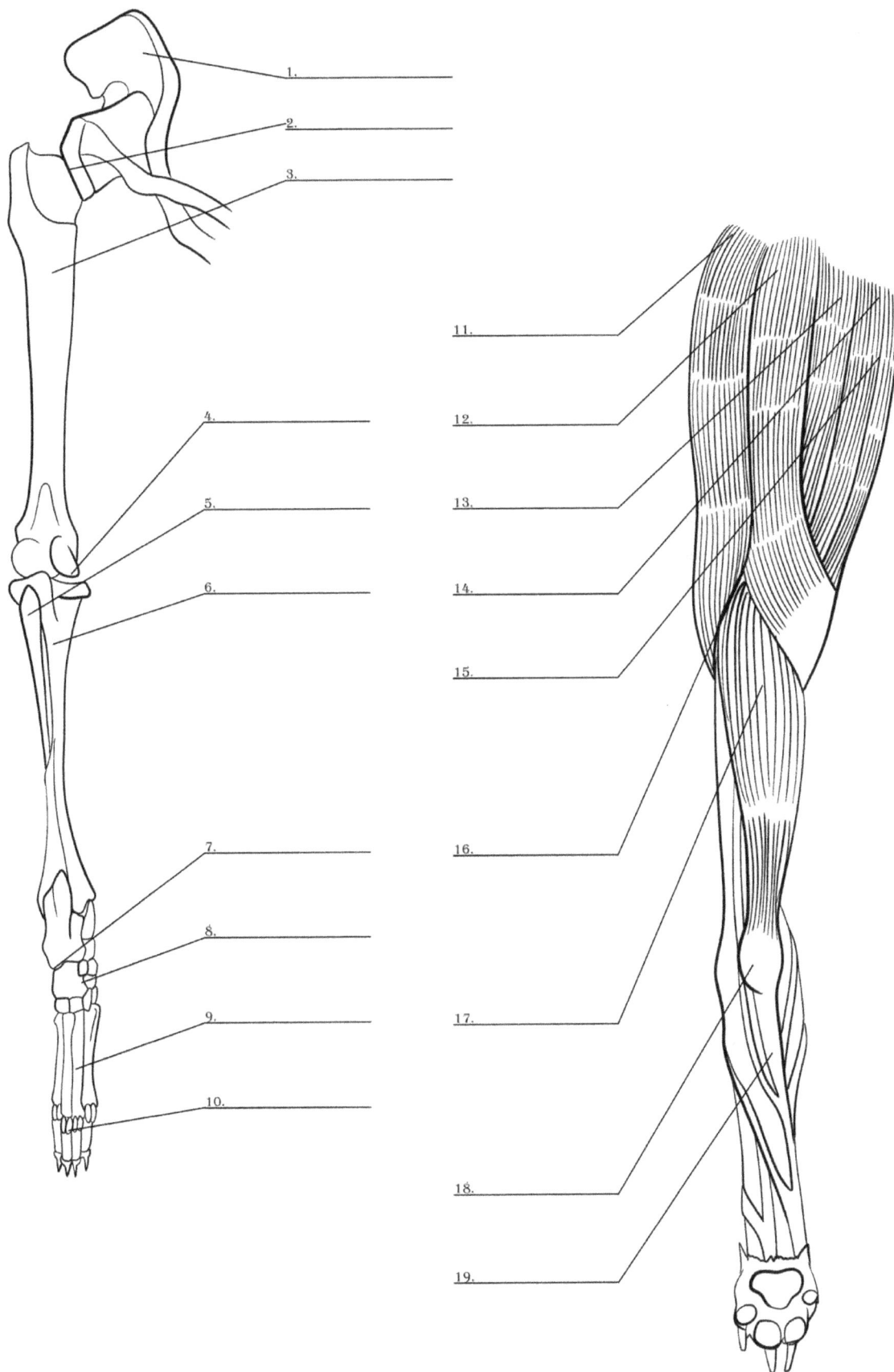

1.

2.

3.

4.

5.

6.

7.

8.

9.

10.

11.

12.

13.

14.

15.

16.

17.

18.

19.

SECCIÓN 24: CARA CAUDAL DEL MIEMBRO PÉLVICO

1. PELVIS
2. ARTICULACIÓN DE CADERA
3. FÉMUR
4. ARTICULACIÓN DE LA RODILLA
5. PERONÉ
6. TIBIA
7. ARTICULACIÓN DEL TARSO
8. TARSUS
9. METATARSO
10. ARTICULACIÓN INTERFALÁNGICA
11. MÚSCULO BÍCEPS FEMORAL
12. MÚSCULO SEMITENDINOSO
13. MÚSCULO SEMIMEMBRANOSO
14. MÚSCULO GRÁCIL
15. MÚSCULO SARTORIO
16. SURCO ISQUIÁTICO
17. MÚSCULO TRÍCEPS SURAL
18. TUBEROSIDAD DE QUENEAU
19. TENUE DE LOS FLEXORES DIGITALES

SECCIÓN 25: LA PATA DEL PERRO 1

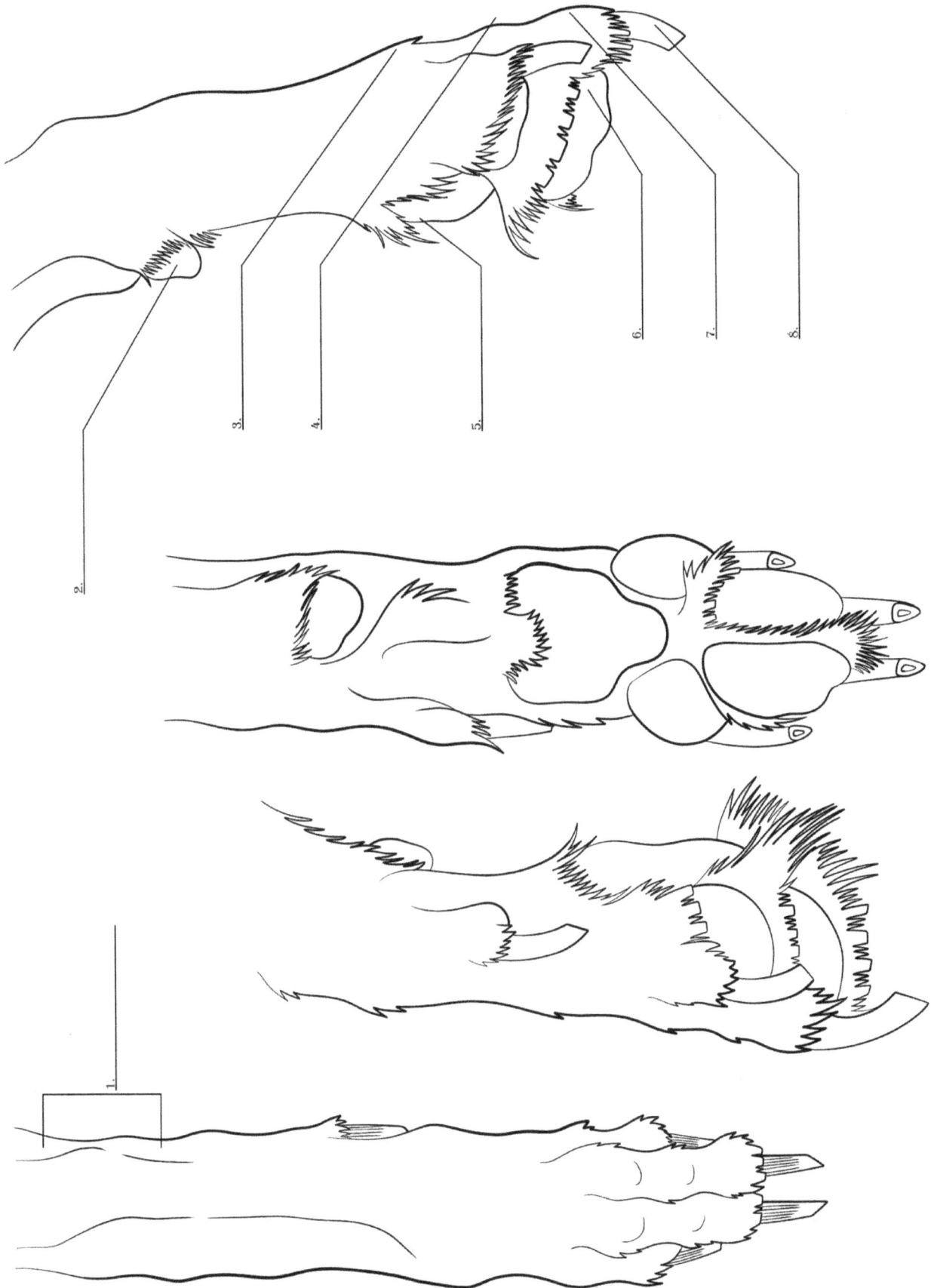

SECCIÓN 25: LA GARRA DEL PERRO 1

1. CARPAL JOINT
2. ALMOHADILLA CARPIANA
3. ARTICULACIÓN FALÁNGICA PROXIMAL
4. ARTICULACIÓN DE LA FALANGE DISTAL
5. ALMOHADILLA PALMAR
6. ALMOHADILLA FALANGEAL
7. ARTICULACIÓN DE GARRA
8. CUERNO DE GARRA

SECCIÓN 26: LA PATA DEL PERRO 2

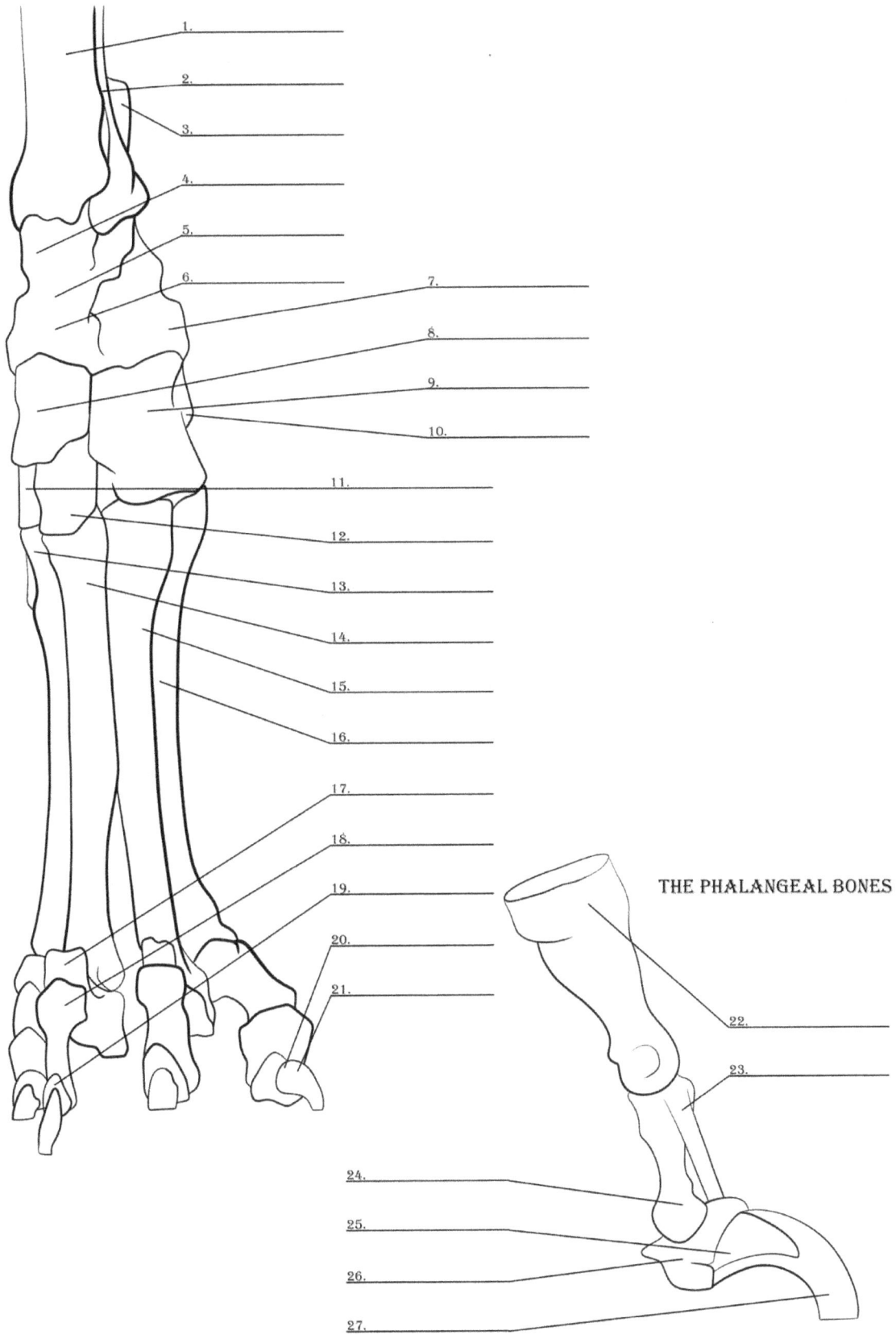

1.
2.
3.
4.
5.
6.
7.
8.
9.
10.
11.
12.
13.
14.
15.
16.
17.
18.
19.
20.
21.

THE PHALANGEAL BONES

22.
23.
24.
25.
26.
27.

SECCIÓN 26: LA PATA DEL PERRO 2

1. TIBIA
2. PERONÉ
3. CALCANEAL TUBEROSITY
4. TALUS ASTRÁGALO
5. CUELLO
6. CABEZA
7. CALCÁNEO
8. TARSAL CENTRAL
9. TARSIANO 4
10. SURCO DEL MÚSCULO PERONEO LARGO
11. TARSIANO 2
12. TARSIANO 3
13. METATARSO 2
14. METATARSO 3
15. METATARSO 4
16. METATARSO 5
17. FALANGE PROXIMAL
18. FALANGE MEDIA
19. FALANGE DISTAL
20. CRESTA UNGUICULAR
21. PROCESO UNGUICULAR
22. FALANGE PROXIMAL
23. FALANGE MEDIA
24. LIGAMENTO DORSAL DE LA GARRA
25. SURCO DEL HUESO DE LA GARRA
26. ARTICULACIÓN DE GARRA
27. PUNTA DEL HUESO DE LA GARRA

SECCIÓN 27: LA GARRA DEL PERRO

EPIDERMIS

1.
2.
3.
4.
5.

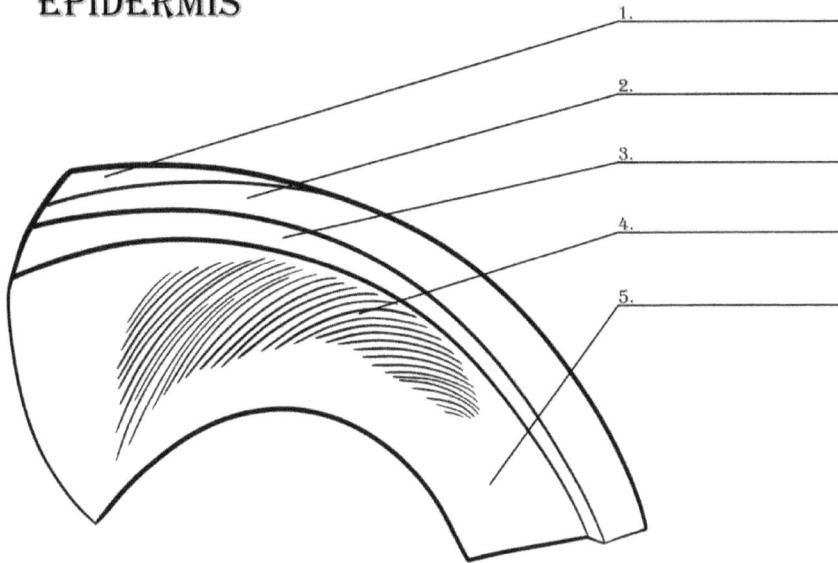

DERMIS (CORIUM)

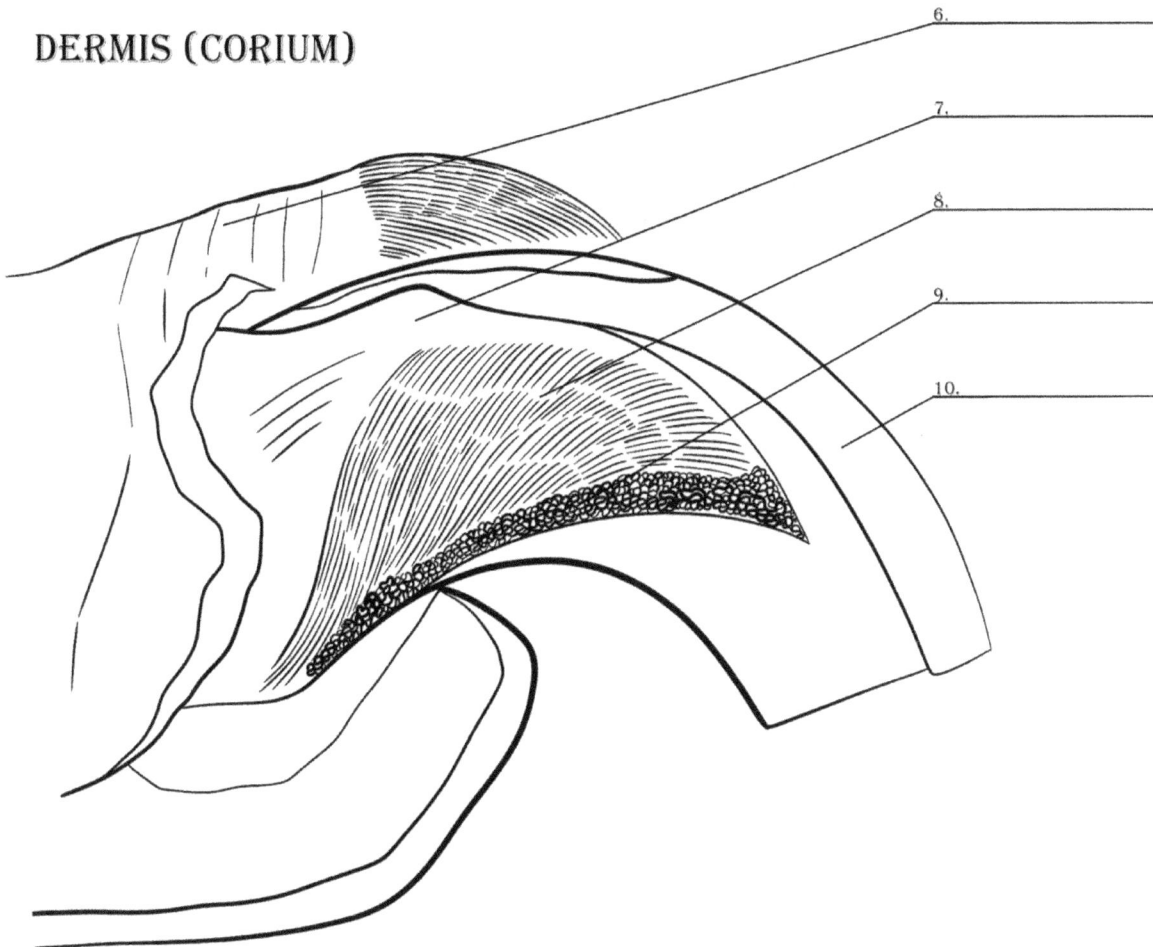

6.
7.
8.
9.
10.

SECCIÓN 27: LA GARRA DEL PERRO

EPIDERMIS
1. EPONIQUIO
2. MESONIQUIO
3. HIPONIQUIO DORSAL
4. LATERAL HYPONYCHIUM
5. HIPONIQUIO TERMINAL
DERMIS
6. VALLUM
7. DORSUM DERAMALE
8. LAMINILLAS DÉRMICAS
9. PAPILAS DÉRMICAS
10. MESONIQUIO

SECCIÓN 28: EL CORAZON DEL PERRO

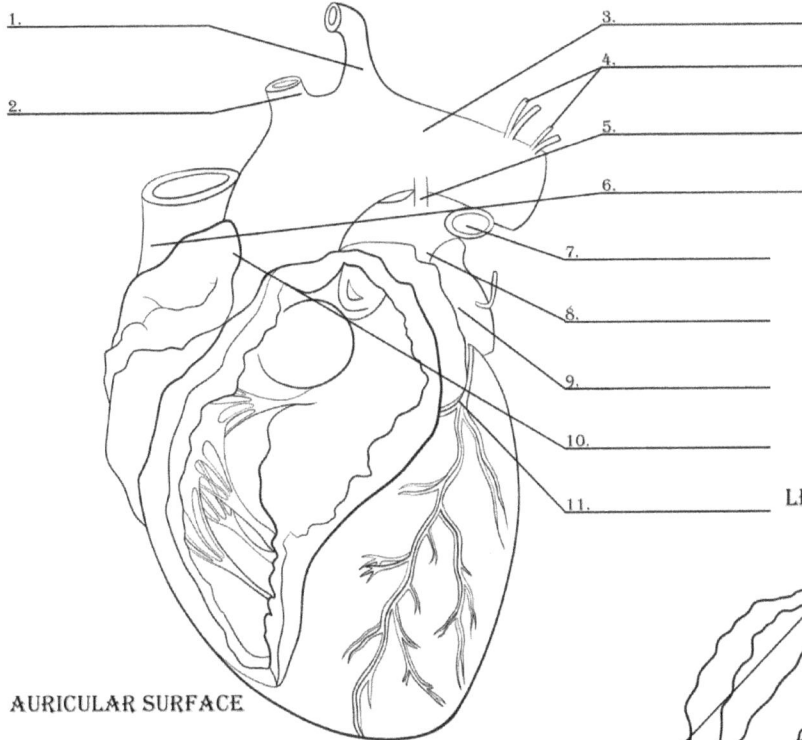

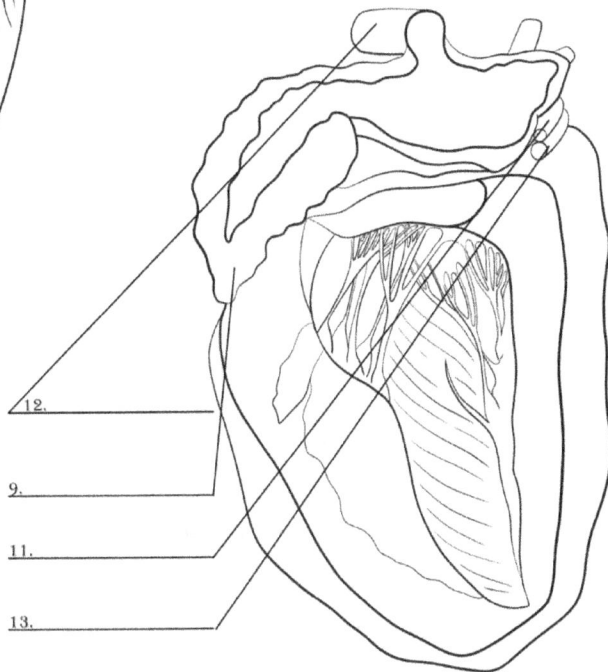

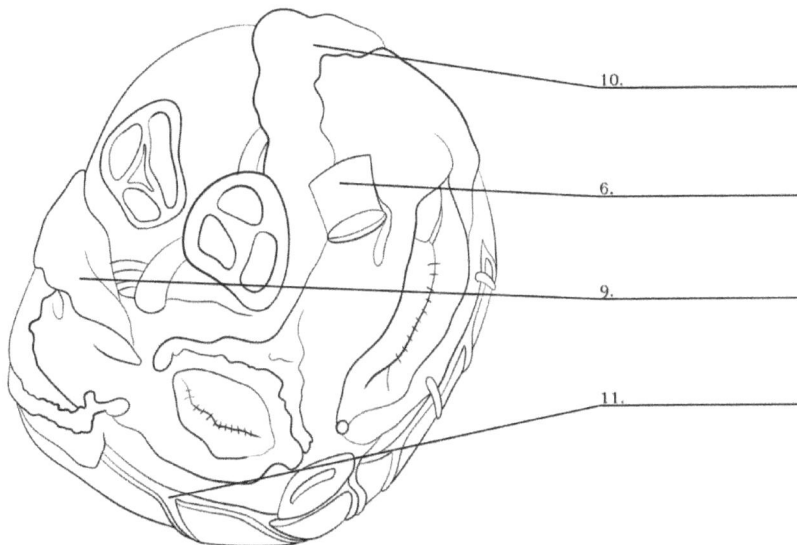

1. _____

2. _____

3. _____

4. _____

5. _____

6. _____

7. _____

8. _____

9. _____

10. _____

11. _____

AURICULAR SURFACE

LEFT ATRIUM AND LEFT VENTRICLE

12. _____

9. _____

11. _____

13. _____

BASE OF THE HEART

10. _____

6. _____

9. _____

11. _____

SECCIÓN 28: EL CORAZON DEL PERRO

1. AORTA SUBCLAVIA IZQUIERDA
2. TRONCO BRAQUIOCEFÁLICO
3. AORTA
4. ARTERIAS INTERCOSTALES
5. LIGAMENTO ARTERIOSO
6. VENA CAVA CRANEAL
7. ARTERIA PULMONAR IZQUIERDA
8. TRONCO PULMONAR
9. AURÍCULA IZQUIERDA
10. AURÍCULA DERECHA
11. VENA CARDÍACA MAGNA
12. PULMONARY VEIN
13. RAMA CIRCUNFLEJA

SECCIÓN 29: LOS PULMONES DEL PERRO

VENTRAL VIEW

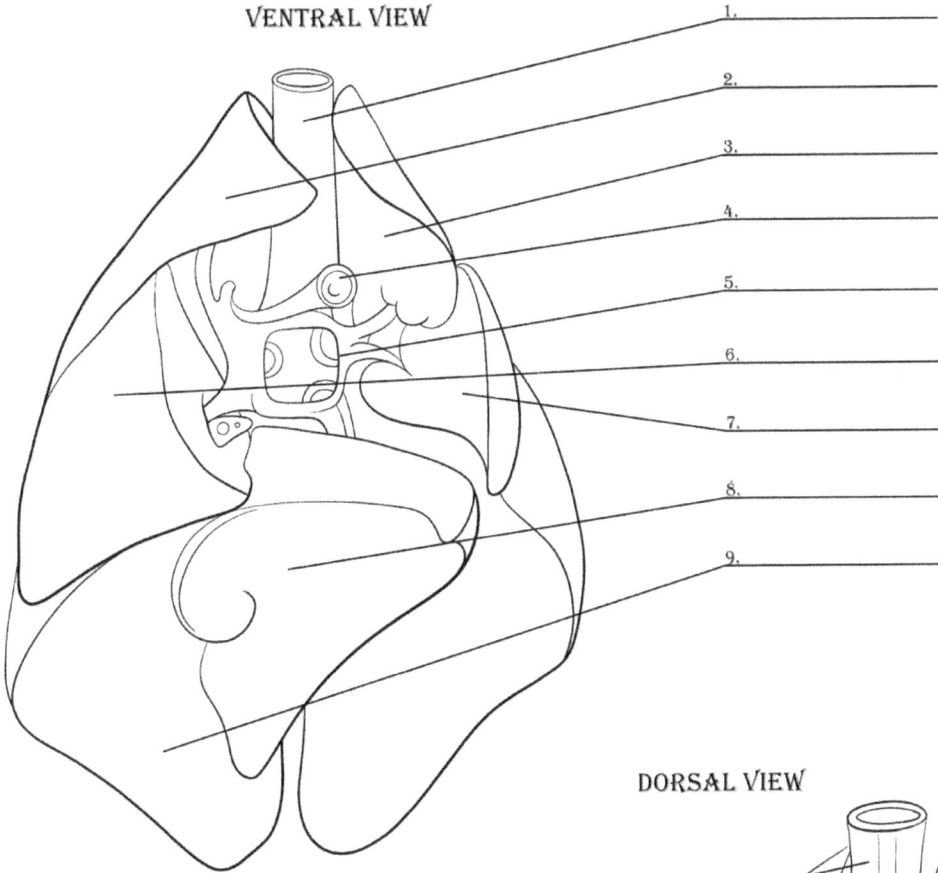

1.
2.
3.
4.
5.
6.
7.
8.
9.

DORSAL VIEW

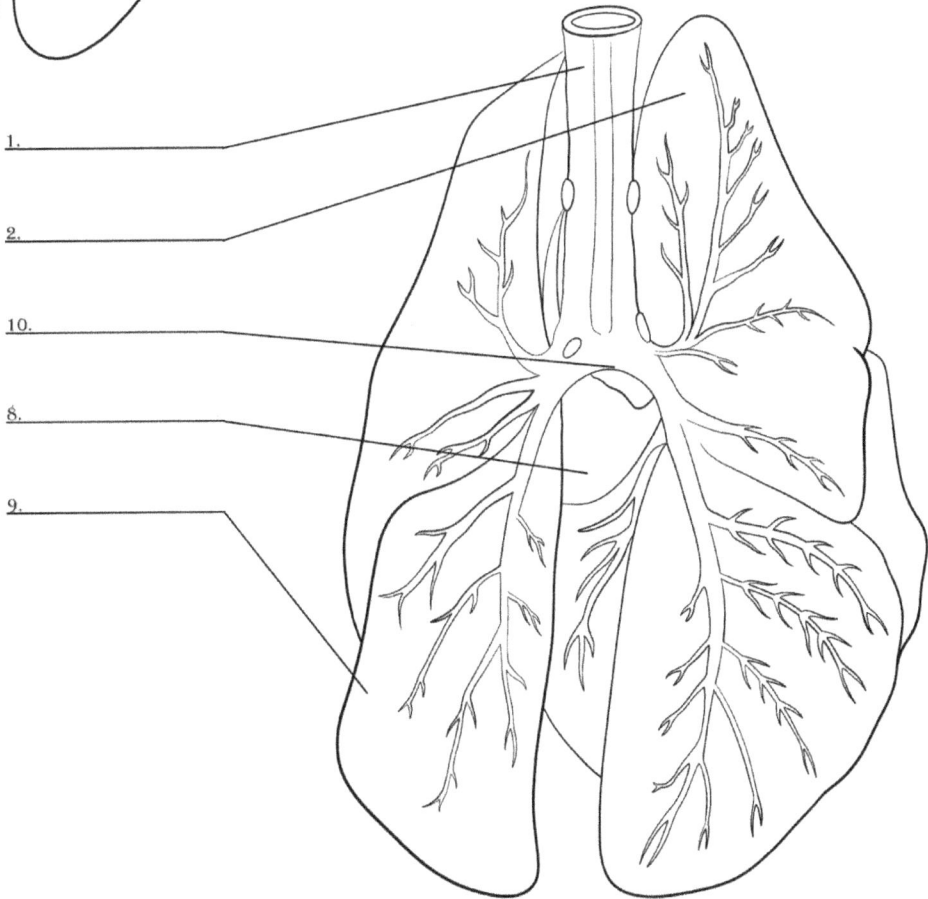

1.
2.
10.
8.
9.

SECCIÓN 29: LOS PULMONES DEL PERRO

1. TRÁQUEA
2. LÓBULO CRANEAL
3. PARTE CRANEAL
4. TRONCO PULMONAR
5. VENA PULMONAR
6. LÓBULO MEDIO
7. PARTE CAUDAL
8. LÓBULO ACCESORIO
9. LÓBULO CAUDAL
10. BIFURCACIÓN DE TRÁQUEA

SECCIÓN 30: EL ESTÓMAGO DEL PERRO

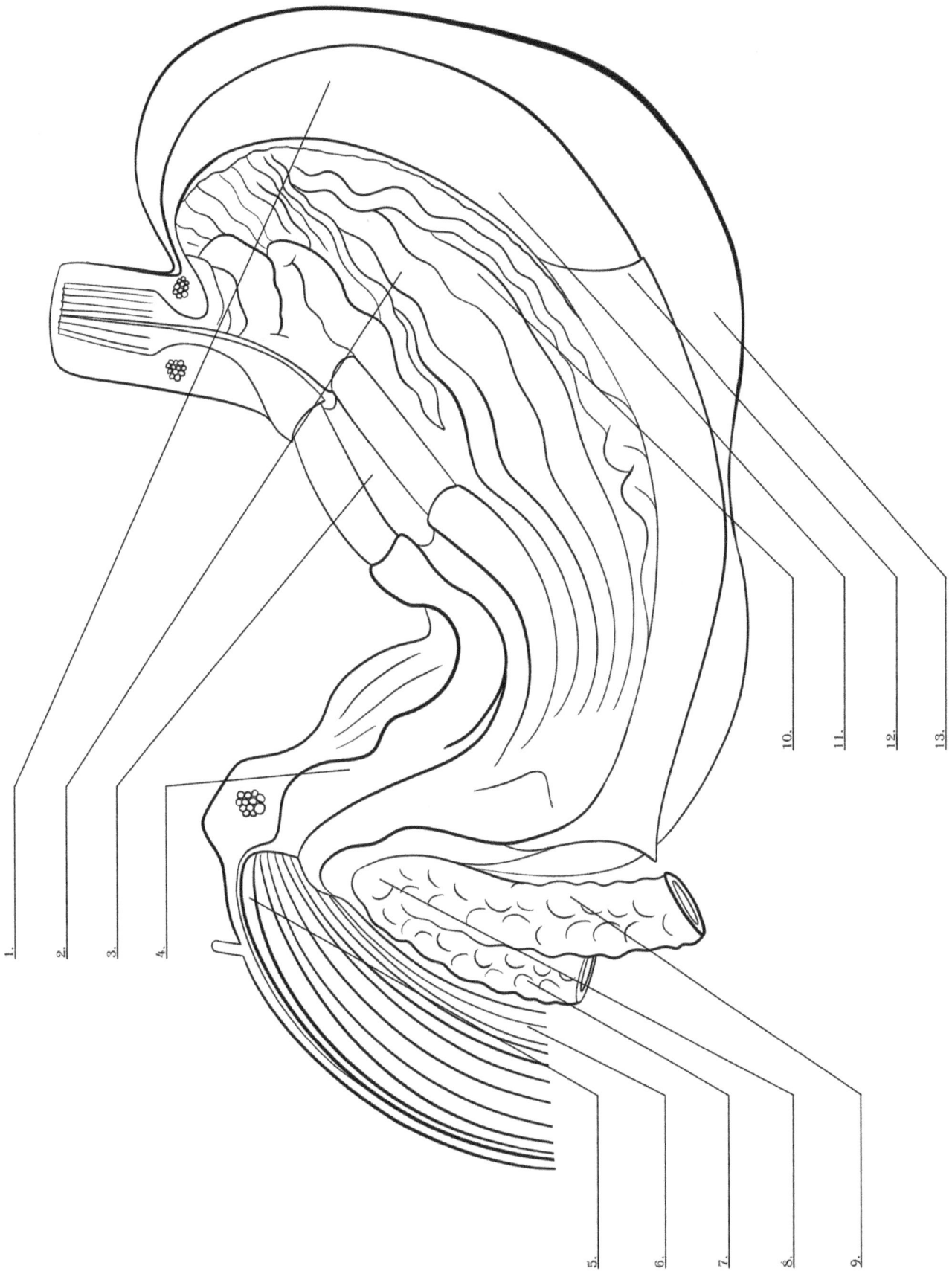

SECCIÓN 30: EL ESTÓMAGO DEL PERRO

1. EXTRACTOR DE FIBRAS OBLICUAS
2. MEMBRANA MUCOSA Y PLIEGUES GÁSTRICOS
3. SURCO GÁSTRICO
4. CONFLUENTE PÍLORO
5. PARTE CRANEAL DEL DUODENO
6. PARTE DESCENDENTE DEL DUODENO
7. LÓBULO DERECHO DEL PÁNCREAS
8. CUERPO DE PÁNCREAS
9. LÓBULO IZQUIERDO DEL PÁNCREAS
10. CUERPO DE ESTÓMAGO
11. CAPA LONGITUDINAL
12. CAPA CIRCULAR
13. CAPA SEROSA

SECCIÓN 31: EL HÍGADO DEL PERRO

VENTRAL

1.
2.
3.
4.
5.
6.
7.
8.
9.
10.
11.
12.
13.
14.

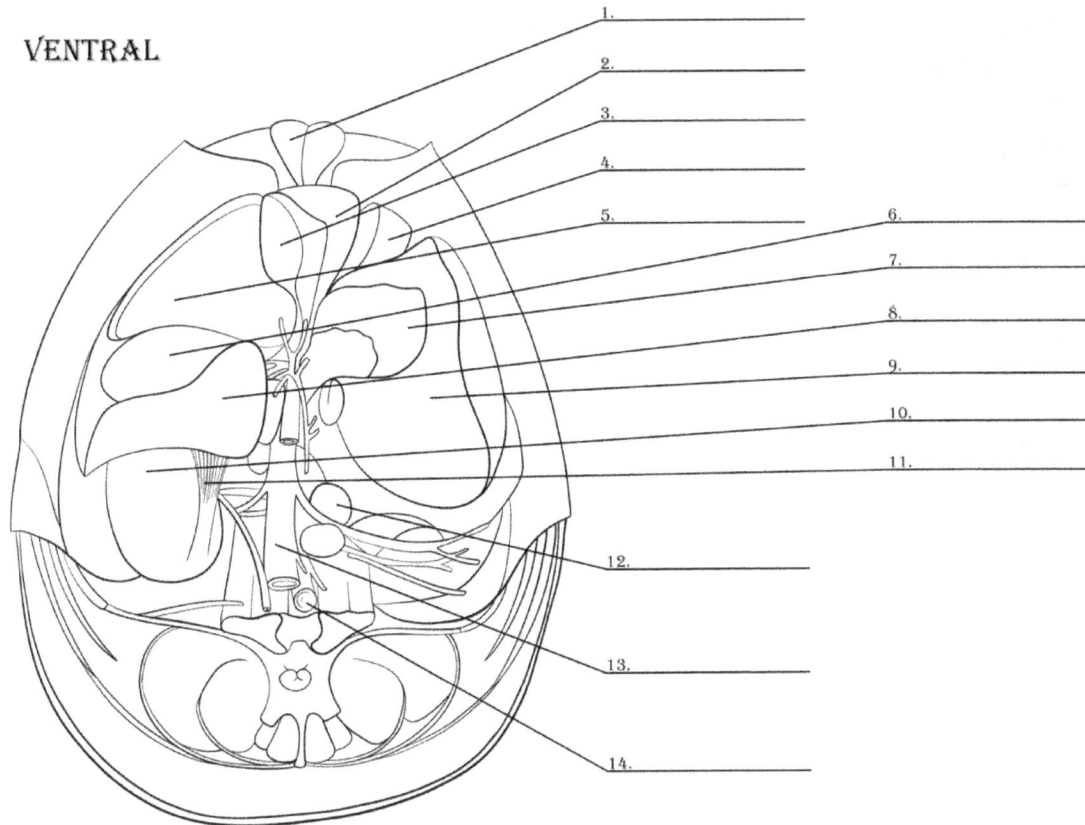

VISCLERAL SURFACE

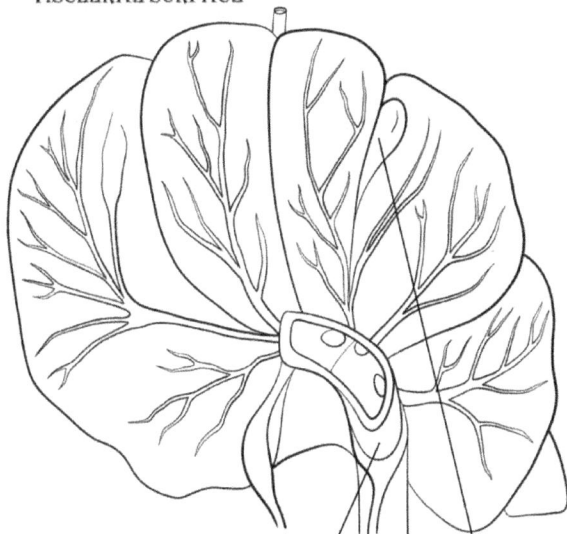

DIAPHRAGMIC SURFACE

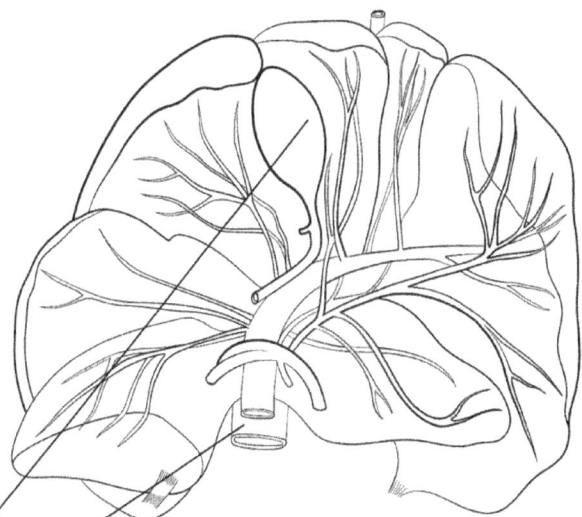

4.
13.

SECCIÓN 31: EL HÍGADO DEL PERRO

1. LIGAMENTO FALCIFORME Y LIGADURA REDONDA DE HÍGADO
2. LÓBULO CUADRADO
3. VESÍCULA BILIAR
4. LÓBULO MEDIAL IZQUIERDO
5. LÓBULO MEDIAL DERECHO
6. LÓBULO LATERAL DERECHO
7. PROCESO PAPILAR DEL LÓBULO CAUDADO
8. PROCESO CAUDADO DEL LÓBULO CAUDADO
9. LÓBULO LATERAL IZQUIERDO
10. RIÑÓN DERECHO
11. LIGAMENTO HEPATORRENAL
12. GLÁNDULA SUPRARRENAL
13. VENA CAVA CAUDAL
14. AORTA

SECCIÓN 32: LA MÉDULA ESPINAL DEL PERRO

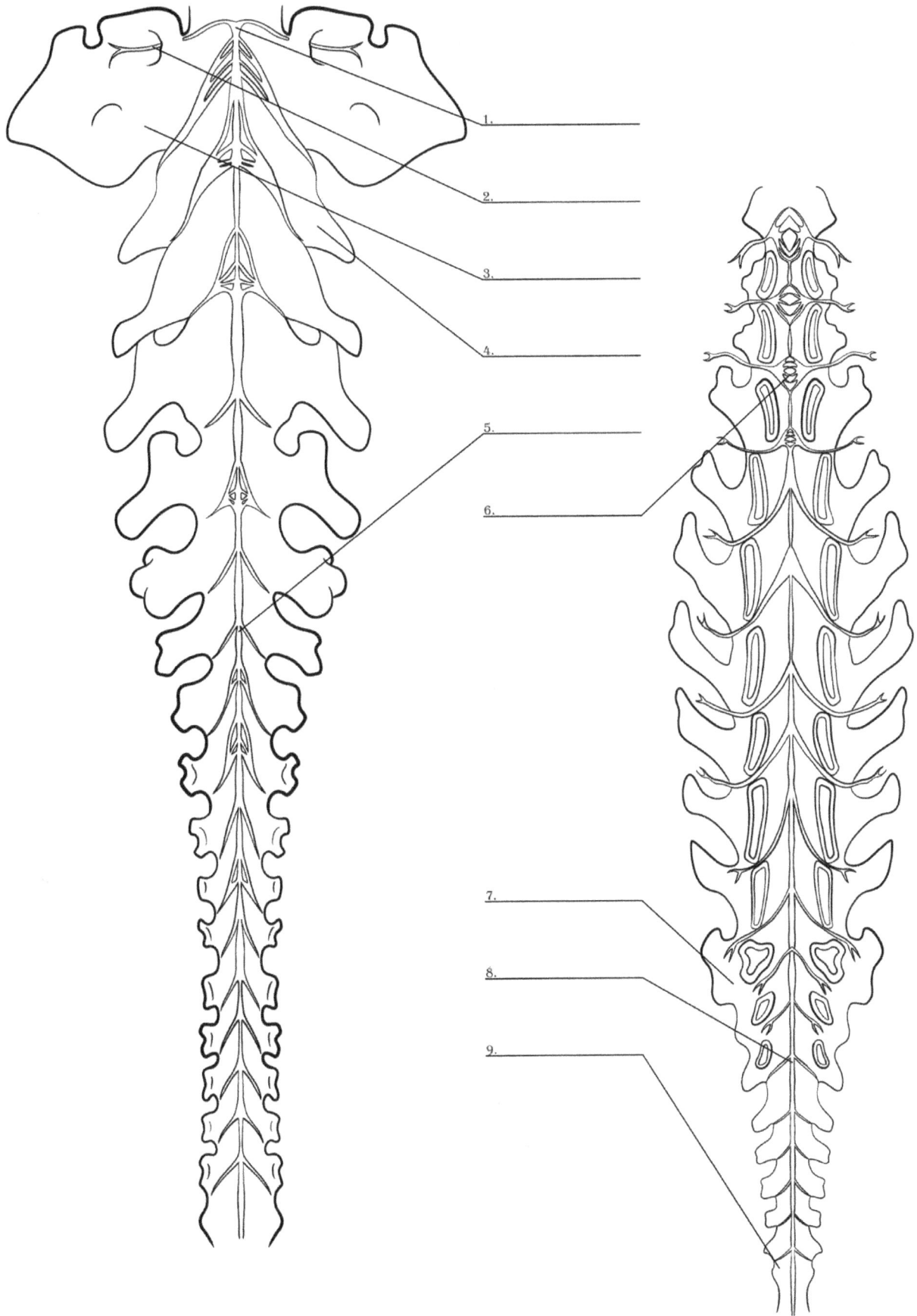

1.

2.

3.

4.

5.

6.

7.

8.

9.

SECCIÓN 32: LA MÉDULA ESPINAL DEL PERRO

1. VÉRTEBRAS CERVICALES (7)
2. NERVIO
3. ATLAS
4. AXIS
5. VÉRTEBRAS TORÁCICAS (13)
6. VÉRTEBRAS LUMBARES (7)
7. SACRO (3)
8. COCCÍGEO (20-23)
9. FILUM TERMINAL

www.ingramcontent.com/pod-product-compliance
Lightning Source LLC
Chambersburg PA
CBHW051352200326
41521CB00014B/2552